全国高等院校水利水电类精品规划教材

工程测量实践指导

主　编　张　鑫　何习平
主　审　沈君河

黄 河 水 利 出 版 社
·郑州·

内 容 提 要

《工程测量实践指导》是高等学校教材《工程测量》的配套用书。全书分测量实验实习须知、测量实验指导、测量实习指导和测量实验实习报告四部分 。其主要内容包括水准仪、经纬仪、全站仪与 GPS 的认识和使用等共计 14 个实验,并列有 14 个实验报告。书中以 2 周教学实习时间为例,介绍了实习要求、实习具体内容及方法等测量教学实习纲要。教师可根据专业要求及仪器、场地条件灵活选用。

本书主要供大学本科、专科水利水电与土木建筑工程类专业的工程测量课程教学使用,也可供中等技术学校的水利水电与土木建筑工程类专业师生和初学测量者参考。

图书在版编目(CIP)数据

工程测量实践指导/张鑫,何习平主编. —郑州: 黄河水利出版社,2008.12

全国高等院校水利水电类精品规划教材

ISBN 978 - 7 - 80734 - 533 - 6

Ⅰ.工… Ⅱ.①张… ②何… Ⅲ.工程测量 - 高等学校 - 教学参考资料 Ⅳ.TB22

中国版本图书馆 CIP 数据核字(2008)第 209369 号

策划组稿:马广州　电话:0371 - 66023343　E-mail:magz@ yahoo. cn

出 版 社:黄河水利出版社

地址:河南省郑州市金水路 11 号　　邮政编码:450003

发行单位:黄河水利出版社

发行部电话:0371 - 66026940、66020550、66028024、66022620(传真)

E-mail:hhslcbs@ 126. com

承印单位:河南地质彩色印刷厂

开本:787 mm×1 092 mm　1/16

印张:5.5

字数:127 千字　　印数:1—4 100

版次:2009 年 1 月第 1 版　　印次:2009 年 1 月第 1 次印刷

定价:9.00 元

出版者的话

近年来，随着我国对基础设施建设投入的加大，水利水电工程建设也迎来了前所未有的黄金时间。截至2006年，全国已建成堤防28.08万公里，各类水库85 849座，2006年水利工程在建项目4 614个，在建项目投资总规模达6 121亿元(《2006年全国水利发展统计公报》)。据《可再生能源发展“十一五”规划》，到2010年，我国水电总装机容量将达到1.9亿千瓦。水利水电工程的大规模建设对设计、施工、运行管理等水利水电专业人才的需求也更为迫切，如何更好地培养适应现今水利水电事业发展的优秀人才，成为水利水电专业院校共同面临的课题。作为水利水电行业的专业性科技出版社，我社长期关注水利水电学科的建设与发展，并积极组织水利水电类专著与教材的出版。

在对水利水电类本科层次教材的深入了解中，我们发现，以应用型本科教学为主的众多水利水电类专业院校普遍缺乏一套完整构建在校本科生专业知识体系又兼顾实践工作能力的教材。在广泛调研与充分征求各课程主讲老师意见的基础上，按照高等学校水利学科专业教学指导委员会对教材建设的指导精神与要求，并结合教育部实施的多层次建设、打造精品教材的出版战略，我社组织编写了本系列“全国高等院校水利水电类精品规划教材”。

此次规划教材的特点是：

(1)以培养水利水电类应用型人才为目标，充分重视实践教学环节。

(2)在依据现有的专业规范和课程教学大纲的前提下，突出特色，力求创新。

(3)紧扣现行的行业规范与标准。

(4)基本理论与工程实例相结合，易于学生接受与理解。

本系列教材除了涵盖传统专业基础课及专业课外，还补充了多个新开课程的教材，以便于学生扩充知识与技能，填补课堂无合适教材可用的空缺。同时，部分教材由工程技术人员或有工程设计施工从业经历的老师参与编写，也是此次规划教材的创新。

本系列教材的编写与出版得到了全国21所高等院校的鼎力支持，特别是三峡大学党委书记刘德富教授和华北水利水电学院副院长刘汉东教授对系列教材的编写与出版给予了精心指导，有效保证了教材出版的整体水平与质量。在此对推进此次规划教材编写与出版的各院校领导和参编老师致以最诚挚的谢意，是他们在编审过程中的无私奉献与辛勤工作，才使得教材能够按计划出版。

“十年树木，百年树人”，人才的培养需要教育者长期坚持不懈的努力，同样，好的教材也需要经过千锤百炼才能流传百世。本系列教材的出版只是我们打造精品专业教材的开始，希望各院校在对这些教材的使用过程中，提出改进意见与建议，以便日后再版时不断改正与完善。

黄河水利出版社

出版者的话

全国高等院校水利水电类精品规划教材

编 审 委 员 会

前　言

《工程测量实践指导》是与工程测量基本教材相配套的辅助教材，旨在帮助学生巩固课堂所学知识，培养学生分析问题和解决问题的能力，训练学生野外实际测量作业的基本技能，提高工程测量课程的教学质量。全书共分四个部分：第一部分是测量实验实习须知，强调仪器借领和使用注意事项，以及测绘资料的记录计算规则；第二部分是测量实验指导，共有课堂实验14个；第三部分是测量实习指导，主要包括大比例尺地形图测绘、数字测图和施工放样；第四部分是测量实验实习报告。全书偏重于对实验实习要求、方法与步骤的介绍，具有很强的实用性和可操作性。

参加本书编写的人员和分工如下：第一部分由南昌工程学院何习平编写；第二部分与第四部分的实验一、实验二、实验三、实验八由云南农业大学王建雄编写，实验四、实验五、实验六、实验七由云南农业大学龚振文编写，实验九、实验十、实验十四由西北农林科技大学张鑫编写，实验十一、实验十二由西北农林科技大学耿宏锁编写，实验十三由西北农林科技大学李雅素编写；第三部分由西北农林科技大学张鑫、王维新和杨江涛编写。全书由张鑫统一修改定稿，由沈君河教授主审。在本书的编写和统稿过程中，得到了李元科高级实验师的大力协助。在此，致以诚挚的感谢！

由于编者水平有限，书中可能存在不少缺点和错误，敬请读者批评指正。

编　者

2008年5月于杨凌

目　录

第一部分　测量实验实习须知

一、测量实验与实习的一般规定

测量工作是一项集体性工作，任何个人都是很难单独完成的。因此，测量实验与实习工作通常以小组为单位进行。

(1)实验或实习前，要认真阅读《工程测量》相关章节和《工程测量实践指导》的相应内容，弄清实验或实习的目的、要求、需用仪器和工具，以及实验或实习的方法、步骤和注意事项等。

(2)实验或实习开始前，以小组为单位，由组长负责到测量实验室领取所需仪器和工具，做好仪器借用登记工作。领到仪器后，到指定实验地点集中，待实验指导教师作全面讲解后，方可开始实验。

(3)实验或实习应在规定的时间和指定的场地内进行，各成员不得无故缺席或迟到、早退，不得擅自改变地点。

(4)实验或实习时，必须听从指导教师的指导，严格按照实验或实习要求进行观测、记录、计算等各项工作，认真、按时、独立地完成任务。

(5)爱护测量仪器和工具。实验过程中或实验结束后，如发现仪器或工具有损坏、遗失等情况，应及时报告指导教师。指导教师和仪器管理人员查明情况后，根据具体情况，做出相应的经济处罚或批评。

(6)实验或实习时，各小组长应根据实验或实习内容，进行适当的人员分工，并注意工作轮换。各小组成员要做到积极参与、互相配合、共同完成。

(7)实验或实习结束时，须将观测记录和实验报告交指导教师审查，待老师同意后方可收拾仪器离开实验地点，并及时向测量实验室还清所借仪器和工具，做好登记工作，结束实验或实习。

二、测量仪器使用规则

对测量仪器工具的正确使用、精心爱护和科学保养，是测量人员必须具备的素质和应该掌握的技能，也是保证测量成果质量、提高测量工作效率和延长仪器工具使用寿命的必要条件。爱护测量仪器和工具，首先必须了解并熟悉测量仪器和工具的结构以及正确的使用方法。现将各种常规测量仪器(水准仪、经纬仪等)和工具的正确使用与保护方法分述如下。

(一)常规测量仪器的正确使用与保护方法

(1)领取仪器时，应先检查仪器箱是否盖好并扣紧，提环、背带是否牢固。携带仪器时，应注意保护仪器不受碰撞和震动。

(2)从仪器箱内取出仪器时,应记清仪器在箱内的安放位置,以便放回正确位置。

(3)取出仪器时,不可用手拿仪器望远镜或竖盘,应一手持仪器基座或支架等坚实部位,一手托住仪器,并注意做到轻取轻放。

(4)将仪器安置在三脚架上,在中心连接螺旋尚未连接好之前,不能松手,以防仪器从三脚架上摔下。

(5)仪器架好后,必须有专人保护,特别是在街道、施工场地等人来人往处实验或实习时,更应注意保护仪器。

(6)开始操作前,三脚架的脚尖必须牢固地插入土中,在坚硬的地面(如水泥路面)处要特别注意保护三脚架不致移动。

(7)操作仪器要手轻心细,各制动螺旋不要拧得太紧。仪器制动后,切不可用力转动仪器被制动的部位,以免损坏仪器轴系机构,各微动螺旋不可旋至极端位置。千万不可拧动仪器轴座固定螺旋,以防仪器松开或掉下。

(8)如仪器某部位失灵或发生故障,切不可强行扳动,更不得任意拆卸或自行处理,应及时报告实验或实习指导教师。

(9)勿使仪器淋雨或暴晒。打伞观测时,应防风吹伞动撞坏仪器。

(10)仪器光学部分(包括物镜、目镜、放大镜等)有灰尘或水汽时,严禁用手、手帕或纸张去擦,应报告指导教师,用专用工具处理。

(11)远距离搬迁仪器时,必须将仪器取下,装回仪器箱中进行搬迁;近距离搬站时,可将仪器制动螺旋松开(万一仪器被撞,可自由转动以免严重损坏),收拢三脚架,连同仪器一并夹于腋下,一手托住仪器一手抱住三脚架,并使仪器在上、脚架在下,呈微倾斜状态进行搬迁,切不可将仪器扛在肩上搬迁。

(12)实验完毕后,应先检查零件是否齐全,然后松开制动螺旋,将所有的微动螺旋旋至中央位置,按原样慢慢地将仪器放回箱中,旋紧制动螺旋,关好仪器箱并立即上锁。注意当仪器箱关不上时不可强行关箱。

(二)全站仪的正确使用与保护方法

(1)尽量选择在大气稳定、通视良好的时候观测。

(2)避免在潮湿、肮脏、强阳光下以及热源附近充电,电池应放完电后再充电,长期不用时也应放完电后存放。

(3)不要把仪器存放在湿热环境下。使用前,要及时打开仪器箱,使仪器与外界温度一致。应避免温度骤变使镜头起雾缩短仪器测程。

(4)观测时不要将望远镜直视太阳。

(5)观测时,应尽量避免日光持续暴晒或靠近车辆热源,以免降低仪器效率。

(6)用望远镜瞄准反射棱镜时,应尽量避免在视场内存在其他反射面如交通信号灯、猫眼反射器、玻璃镜等。

(7)在潮湿的地方进行观测时,观测完毕将仪器装箱前,要立即彻底除湿,使仪器完全干燥。

(三)测量工具的正确使用与保护方法

(1)钢尺、皮尺不可足踏或让车辆压过,不得在地面上拖拉尺子,以防尺子着水并弄脏。尺子使用后，应及时擦去泥垢并涂油防锈。

(2)钢尺拉出和卷入时不应过快，否则易出现拉不出或卷不进等故障。

(3)钢尺性脆易断，不可抛掷，更不可弯折，拉紧钢尺时，尺身应平直不得有扭结。

(4)拉紧皮尺时，用力不可过大，以恰好拉直为宜。

(5)水准尺、钢尺及皮尺等应注意保护尺身刻划不受磨损。

(6)水准尺、花杆、测伞及三脚架等均不能斜靠在墙面上或树上，以防倒下摔坏，要平放在地面上或可靠的墙角处。标杆不能作棍棒使用，不能用其抬物或垫坐，以防弯曲。

(7)勿用垂球尖冲击地面，以防球尖碰坏。

(8)使用测图板时，应注意保护板面，不得在板面上乱画乱写，不能对测图板施加重压。

(9)小件工具(如测钎、尺垫等)用完后应立即收好，以防遗失。

三、测量记录与计算规则

(一)测量记录注意事项

(1)外业手簿记录必须用2H或3H铅笔直接记入规定的表格，不得先记在草稿纸上，然后再转抄。

(2)记录字体应端正、清晰，字体大小一般只占格子的2/3，字脚靠近底线，字头上方留出空隙作错误更正。

(3)记录前须填写实验日期、天气、仪器号码、班级、组别、观测者、记录者等观测手簿的表头内容。

(4)记录者在观测者报出观测数据并准备记录数据前，应先将观测数据复读(即回报)一遍，让观测者听清楚，以防出现听错或记错现象。

(5)测量记录应书写工整，不得潦草，要保证实验记录清楚整洁、正确无误。严禁在手簿上书写无关的内容，更不得丢失手簿。

(6)禁止擦拭、涂改和挖补数据。记录数字如有差错，不准用橡皮擦去，也不准在原数字上涂改，应根据具体情况进行改正。如果是米、分米或度位数字读(记)错，则可在错误数字上划一斜线，保持数据部分的字迹清楚，同时将正确数字记在其上方；如为厘米、毫米、分或秒位数字读(记)错，则该读数无效，应将本站或本测回的全部数据用斜线划去，保持数据部分的字迹清楚，并在备注栏中注明原因，然后重新观测，并重新记录。测量过程中，不准更改的数位及重测范围规定见表1-1。

表1-1　不得更改的测量数据数位及应重测的范围

测量种类	不准更改的数位	应重测的范围
水　准	厘米及毫米的读数	一测站
水平角	分及秒的读数	一测回
竖　角	分及秒的读数	一测回
量　距	厘米及毫米的读数	一尺段

(7)严禁连环更改数据。如已修改了算术平均值,则不能再改动计算算术平均值的任何一个原始数据;若已更改了某个观测值,则不能再更改其算术平均值。

(8)记录数字要正确反映观测精度。对于要求读到毫米位的,若读数为1m2dm6cm,应记成1260,不能记成126;同理,如要求读到厘米时,应记成126,而不应记成1260。角度测量时,"度"最多三位、最少一位,"分"和"秒"各占两位,如读数是0°2′4″,应记成0°02′04″。测量数据记录数位规定见表1-2。

表1-2 测量数据精确单位及应记录的位数

测量种类	数字单位	记录字数的位数
水 准	毫米	4个
角度的分	分	2个
角度的秒	秒	2个

(二)测量计算注意事项

(1)测量计算时,数字进位应按照"四舍六入五凑偶"的原则进行。如要求精确到个位数,下列数据的最后结果分别是:123.4→123;123.6→124;124.5→124;123.5→124。

(2)测量计算时,数字的取位规定:水准测量视距应取位至1.0 m,视距总和取位至0.01 km,高差中数取位至0.1 mm,高差总和取位至1.0 mm;角度测量的秒取位至1.0″。

(3)每站观测结束后,必须在现场完成规定的计算和检核,若发现测量结果超限应立即重测,只有在确认无误后,方可迁站。

(4)实验计算必须仔细认真。测量实验时,严禁任何因超限等原因而更改观测记录数据,一经发现,将取消实验或实习成绩并严肃处理。

第二部分　测量实验指导

测量实验是课堂教学期间某一章节内容讲授之后安排的室外实践性教学，是加深学生直观概念的必要途径。每项实验的时数和小组人数可根据具体情况灵活安排，但应保证每人都能练习观测、记录等工作。使观测成果在限差之内是实验要求，检查是否超限是必不可少的实验步骤，然而考虑到实验目的只是练习方法，故每项实验的限差均列在注意事项中。

实验一　水准仪认识及使用

一、实验目的

(1)掌握 DS_3 型水准仪的基本构造，认识其各个操作部件的名称和作用。

(2)练习水准仪的整平、瞄准，应能准确地读出水准尺读数。

(3)初步掌握两点间高差测量的方法。

二、实验要求

(1)认识仪器各个操作部件的名称和作用。

(2)对 DS_3 型水准仪进行整平，瞄准水准尺，转动微倾螺旋，使符合水准管气泡居中后读数。

三、仪器工具

DS_3 型水准仪一台，水准尺一把。

四、实验内容

3 人为一实验小组，每人独立完成仪器整平、认识、读数。

五、实验方法与步骤

(1)安置仪器。先将三脚架张开，使其高度适当，架头大致水平，并将架腿踩实，再开箱取出仪器，将其固连在三脚架上。

(2)认识仪器。指出仪器各部件的名称和位置，了解其作用并熟悉其使用方法。同时掌握水准尺的分划注记。

(3)粗略整平。双手食指和拇指各拧一对脚螺旋，同时对向(或反向)转动，使圆水准器气泡向中间移动，再转动另一只脚螺旋，使气泡移至圆水准器居中位置。一次不能居中，应反复进行。(练习并体会圆水准器气泡移动方向与左手大拇指转动脚螺旋的方向一致。)

(4)水准仪的操作(瞄准、精平和读数)。

瞄准——转动目镜调焦螺旋,使十字丝清晰;松开制动螺旋,转动仪器,用缺口和准星瞄准水准尺,旋紧制动螺旋,转动微动螺旋,使水准尺位于视场中央;转动物镜调焦螺旋,消除视差,使目标清晰(体会视差现象,练习消除视差的方法)。

精平——转动微倾螺旋,使符合水准管气泡两端的半影像吻合(成圆弧状),即符合气泡严格居中。

读数——从望远镜中观察十字丝在水准尺上的分划位置,读取四位数字,即只读出米、分米、厘米的数值,估读毫米的数值。

(5)观测练习。在仪器两侧各立一根水准尺,分别进行观测(瞄准、精平、读数)、记录并计算高差。

六、注意事项

(1)安置时应使三脚架架头大致水平,才能保证脚螺旋粗略整平圆水准器。
(2)脚架跨度不能太大,避免摔坏仪器。
(3)实验的同时必须认真填写实验数据并计算。

实验二　普通水准测量

一、实验目的

(1)掌握水准测量的施测方法、记录、计算。
(2)熟悉高差闭合差调整及高程计算的方法。

二、实验要求

(1)布设闭合水准路线。
(2)仪器与前、后尺距离应大致相等。
(3)根据观测结果,计算水准路线高差闭合差、高差闭合差改正数及待定点高程。
(4)高差闭合差允许值为:平地$f_h = \pm 40\sqrt{L}$(mm),山地$f_h = \pm 12\sqrt{n}$(mm)。

三、仪器工具

DS_3 型水准仪一台,水准尺一对。

四、实验内容

3 人为一实验小组,完成闭合水准路线测量。

五、实验方法与步骤

(1)选定一条闭合水准路线,其长度以安置 4 ~ 6 个测站为宜。确定起始点及水准路线的前进方向。

(2)在起始点和第一个待定点分别立水准尺，在距该两点大致等距离处安置仪器，分别观测得后视读数 a'_1 和前视读数 b'_1，计算高差 h'_1；改变仪器高度（或换水准尺另一面），再读取后、前视读数 a''_1 和 b''_1，计算高差 h''_1。检查互差是否超限。计算平均高差 h_1。将仪器搬至第一、第二点中间设站观测，测出 h_2。依次推进测出 h_3、h_4、…。

(3)根据已知点高程及各测站的观测高差，计算水准路线的高差闭合差，并在限差内对闭合差进行配赋，推算各待定点的高程。

六、注意事项

(1)仪器的安置位置应保持前、后视距大致相等。每次观测读数前，应使符合水准管气泡居中，并消除望远镜视差。

(2)立尺员要思想集中，立直水准尺。注意已知水准点和待定水准点不放尺垫。仪器未搬迁，后视点尺垫不能移动；仪器搬迁时，前视点尺垫不能移动。迁站时应防止摔碰仪器或丢失工具。

(3)超限应重测。

(4)实验的同时必须认真填写实验数据并计算。

实验三　水准仪检验与校正

一、实验目的

(1)了解 DS_3 型水准仪各轴线之间应满足的几何关系。

(2)掌握 DS_3 型水准仪检验与校正的操作。

二、实验要求

(1)每位学生应按照检验与校正的步骤独立进行检验，校正应在老师的指导下进行。

(2)仪器检验与校正的次序不能颠倒。

三、仪器工具

DS_3 型水准仪一台，水准尺一对，拨针一根，小螺丝刀一把。

四、实验内容

3 人为一实验小组，完成水准仪的检验与校正。

五、实验方法与步骤

(一)圆水准器的检验与校正

(1)检验：安置水准仪，用脚螺旋调整圆水准器气泡居中，仪器旋转 180°，若气泡偏离圆心，则须校正。

(2)校正:用拨针拨圆水准器校正螺旋,使水准器气泡返回偏离量的一半,用脚螺旋调整剩余的偏离量,反复进行几次,直至仪器转到任意位置,圆水准器气泡都在圆心为止。

(二)十字丝横丝垂直于竖轴的检验与校正

(1)检验:用十字丝横丝一边照准一小点,旋转微动螺旋,若横丝明显离开小点,则须校正。

(2)校正:取下护盖,用螺丝刀松开十字丝固定螺丝,微微旋转十字丝环,直至符合要求为止,最后拧紧固定螺丝。

(三)水准管轴平行于视准轴的检验与校正

(1)检验:选定相距 80 ~ 100 m 的 A、B 两点等距离处安置仪器测出 A、B 两点高差,然后改变仪器高,再测出 A、B 两点高差;若差值不大于 5 mm,则取平均值作为 A、B 两点的高差 h_{AB} 。

仪器搬至 A 点附近(距 A 点 2 ~ 3 m 为宜),A 点水准尺读数为 a' ,B 点水准尺读数为 b' ,若 $b' \neq a' - h_{AB}$,而差值大于 5 mm 时,则需要校正。

(2)校正:旋转微倾螺旋,用十字丝对准 B 点水准尺上读数 $b'_{算}$($b'_{算} = a' - h_{AB}$),此时水准管气泡偏离,用拨针拨动水准管一端校正螺旋,使气泡居中,反复进行。

六、注意事项

(1)选定水准仪检验与校正的场地应平坦。

(2)拨动水准管一端校正螺旋时,应先松后紧,松紧适当,校正好后再拧紧该螺旋。

实验四　经纬仪认识及使用

一、实验目的

掌握 DJ_6 型光学经纬仪的基本构造、各操作部件的用途及使用方法。

二、实验要求

(1)认识经纬仪各个操作部件的名称和作用。

(2)练习经纬仪对中、整平、瞄准及读数方法。

(3)在盘左位置瞄准目标,测量两方向间的水平角。

三、仪器及工具

DJ_6 型光学经纬仪一台,花杆两根,测钎两根。

四、实验内容

(1)操作仪器,熟悉 DJ_6 型光学经纬仪操作部件的名称和作用。

(2)熟悉 DJ_6 型光学经纬仪的度盘读数并进行练习。

(3)每人用盘左位置瞄准目标,测量两方向间的水平角。

五、实验方法与步骤

(1)安置三脚架于测站上,脚架高度应按照自己的身高而定,架头大致水平,垂球尖顶与测站点大致重合。

(2)用中心连接螺旋将经纬仪连接在三脚架上,不要连接得太紧,使经纬仪基座板在架头上可以滑动,滑动经纬仪基座精确对中,对中后旋紧中心连接螺旋。

(3)整平:水准管平行于任意两个脚螺旋的连线,转动脚螺旋使水准管气泡居中;将仪器旋转90°,转动第三个脚螺旋使水准管气泡居中,反复进行几次,直到水准管转动到任何位置气泡均居中为止。

(4)认识经纬仪各部件的名称以及作用;仪器在任意方向练习读数,直读到分,估读(最小分划值的0.1个格)到秒。

(5)盘左(正镜)位置瞄准目标A,读出水平度盘读数并记入手簿中,顺时针旋转仪器瞄准目标B,读数并计算水平角(用B读数减去A读数)。

六、注意事项

(1)将经纬仪由箱中取出并安装到三脚架上时,必须一只手拿住经纬仪,另一只手托住基座的底部,并立即将中心螺旋旋紧,严防仪器从脚架上掉下摔坏。

(2)瞄准时,必须瞄准测钎的根部。

(3)实验的同时必须认真填写实验数据并计算。

实验五　测回法观测水平角

一、实验目的

(1)掌握经纬仪的操作方法及水平度盘读数的配置方法。

(2)掌握测回法观测水平角的观测顺序、记录和计算方法。

二、实验要求

(1)按测回数配置水平度盘的起始方向读数。

(2)用测回法观测水平角。

三、仪器工具

经纬仪一台,花杆两根,测钎两根,记录板一个。

四、实验内容

要求3人为一实验小组,每人观测一个测回并完成相应的记录与计算。

五、实验方法及步骤

(一)对中、整平

利用光学对点器:将三脚架打开,使其高度适当,架头大致水平,并使架头大致位于点标志的竖直上方,踩紧三脚架,将仪器固连在三脚架上。调整光学对点器目镜,使对点器中的对中标志清晰(十字丝或小圆圈),再调整光学对点器物镜,使地面成像清晰。调整脚螺旋,使对中标志与地面点标志重合。利用三脚架三个架腿的伸缩使圆水准器气泡居中,再用脚螺旋精平仪器(转动照准部,使水准管平行于任意一对脚螺旋,同时相对旋转这两个脚螺旋,使水准管气泡居中;将照准部绕竖轴转动90°,再转动第三只脚螺旋,使气泡居中)。从光学对点器中观察,检查对中标志是否仍与地面点标志重合,如有小的偏离,稍松连接螺旋,在架头上平移仪器,使两标志重合,再用脚螺旋精平仪器。然后再检查对中,如此反复,直至对中、整平都符合要求。

(二)瞄准

用望远镜上的照门和准星瞄准目标,使目标位于视场内,旋紧望远镜和照准部的制动螺旋;转动望远镜的目镜螺旋,使十字丝清晰;转动物镜调焦螺旋,使目标影像清晰;转动望远镜和照准部的微动螺旋,使目标被十字丝的纵丝单丝平分,或被双根纵丝夹在中央。

(三)度盘配置

设共测 n 个测回,则第 i 个测回的度盘位置为略大于 $(i-1)\times 180°/n$。

(四)一测回观测

盘左:瞄准左目标 A,进行读数记 a_1(读数时,调节反光镜的位置,使读数窗亮度适当;旋转读数显微镜的目镜调焦螺旋,使度盘及分微尺的刻划清晰;读取度盘刻划线位于分微尺所注记的度数,从分微尺上该刻划线所在位置的分数估读至0.1′)。顺时针方向转动照准部,瞄准右目标 B,进行读数记 b_1;计算上半测回角值 $\beta_{左} = b_1 - a_1$。

盘右:瞄准右目标 B,进行读数记 b_2;逆时针方向转动照准部,瞄准左目标 A,进行读数记 a_2;计算下半测回角值 $\beta_{右} = b_2 - a_2$。

检查上、下半测回角值互差是否超限。若不超限,计算一测回角值 $\beta = (\beta_{左} + \beta_{右})/2$。

六、注意事项

(1)瞄准目标时,尽可能瞄准其底部,以减少目标倾斜引起的误差。

(2)同一测回观测时,切勿转动度盘变换手轮,以免发生错误。

(3)观测过程中若发现气泡偏移超过一格,应重新整平重测该测回。

(4)计算半测回角值时,当左目标读数 a 大于右目标读数 b 时,则应加360°。

(5)限差要求为:对中误差小于3 mm;上、下半测回角值互差不超过±36″,超限重测该测回;各测回角值互差不超过±24″,超限重测该测站。

(6)实验的同时必须认真填写实验数据并计算。

实验六 全圆测回法观测水平角

一、实验目的

(1)掌握全圆测回法观测水平角的操作顺序及记录、计算方法。

(2)弄清归零、归零差、归零方向值、$2c$ 变化值的概念以及各项限差的规定。

二、实验要求

(1)3 人一组。

(2)用全圆测回法测量水平角。

三、仪器工具

经纬仪一台,花杆三根,测钎三根,记录板一个。

四、实验内容

要求 3 人为一实验小组,每人观测一个测回,并完成相应的记录与计算。

五、实验方法与步骤

(1)在指定的地面点 O 安置仪器。在测站周围确定 3 个以上目标。

(2)按实验五的方法对中、整平并进行度盘配置。

(3)盘左:瞄准起始方向目标读数,顺时针方向依次瞄准各方向目标读数,转回至起始方向仍瞄准目标读数。检查归零差是否超限。

(4)盘右:瞄准起始方向目标读数,逆时针方向依次瞄准各方向目标读数,转回至起始方向仍瞄准目标读数。检查归零差是否超限。

(5)计算。同一方向两倍视准误差 $2c$ = 盘左读数 -(盘右读数 ±180°);各方向的平均读数 = [盘左读数 +(盘右读数 ±180°)]/2;归零后的方向值。

(6)测完各测回后,计算各测回同一方向的平均值,并检查同一方向值各测回互差是否超限。

六、注意事项

(1)应选择远近适中、易于瞄准的清晰目标作为起始方向。如果方向数只有 3 个,可以不归零。

(2)限差规定为:半测回归零差 ±18″,同一方向值各测回互差 ±24″。超限应重测。

(3)实验的同时必须认真填写实验数据并计算。

实验七　竖直角测量

一、实验目的

(1)掌握竖直角测量的操作顺序及记录、计算方法。
(2)弄清指标差的概念以及限差的规定。

二、实验要求

(1)3 人一组。
(2)每人完成 2 个(1 个仰角、1 个俯角)竖直角测量。

三、仪器工具

经纬仪一台,花杆两根,记录板一个。

四、实验内容

(1)完成竖直角和指标差测量、记录与计算。
(2)每 3 人一组,轮换操作,每人至少测 2 个点。

五、实验方法与步骤

(1)在测站上安置仪器。
(2)盘左瞄准目标,以十字丝的横丝切于目标的某一位置,此即为目标高,用 V 表示。转动竖盘指标水准管微动螺旋,使气泡居中(此时指标处于正确位置)读取读数 L。
(3)同法,以盘右瞄准目标,读取读数 R。
(4)填表并计算。

六、注意事项

(1)DJ_6 型经纬仪指标差变化范围不超过 ±25″。
(2)实验的同时必须认真填写实验数据并计算。

实验八　视距测量

一、实验目的

(1)掌握视距测量的观测方法和需要观测的数据。
(2)学会用计算器进行视距计算。

二、实验要求

(1)选择视野开阔、半径小于 80 m 的一块区域,在中心区选一固定点 A 作为测站。

(2)每 3 人一组,轮换操作,每人至少测 2 个点。

三、仪器工具

经纬仪一台,视距尺一把,计算器一个。

四、实验内容

每人至少进行 2 个点的视距测量,并进行水平距离、高差及高程的计算。

五、实验方法及步骤

(1)在测站点 A 安置仪器,量取仪器高 i,并假设 A 点高程为 $H_A = 500.00$ m。

(2)视距测量一般以经纬仪的盘左位置进行测量,视距尺立于若干待测定的位置上。瞄准直立的视距尺,转动望远镜微动螺旋,以十字丝的上丝对准尺上任意刻画处,读取下丝读数 a,上丝读数 b,中丝读数 L,然后将竖盘指标水准管气泡居中,读取竖盘读数,并算出竖直角 α。

六、注意事项

(1)视距测量观测前,应对竖盘指标差进行检验校正,使指标差在60″以内。

(2)观测时视距尺应竖直,并保持稳定。

(3)读取竖盘读数前,必须使竖盘指标水准管气泡居中。

(4)量取仪器高时,一定注意要量取仪器横轴距地面点的铅垂距离。

实验九　全站仪认识与使用

一、实验目的

认识全站仪主要操作部件及其作用,认识键盘按键功能。初步掌握全站仪的基本功能。

二、实验要求

(1)3 人一组。

(2)每人完成角度、距离、坐标测量。

三、仪器工具

TOPCON GTS – 335N 全站仪一台,棱镜一只。

四、实验内容

(1)进入角度测量模式,测量水平角、竖直角。

(2)进入距离测量模式,测量水平距离、倾斜距离、高差。

(3)进入坐标测量模式,设置测站点坐标、定向方位角,测量未知点坐标。

五、实验方法及步骤

(1)在适当位置架设棱镜。

(2)在测站点架设全站仪,对中、整平、瞄准。

(3)在操作键盘上选择角度测量模式键,切换到角度测量模式。读出水平角、竖直角。

(4)在操作键盘上选择距离测量模式键,切换到距离测量模式。读出斜距、平距、高差。

(5)在操作键盘上选择坐标测量模式键,切换到坐标测量模式。测量出未知点坐标。

六、注意事项

(1)认识全站仪主要操作部件,粗瞄准器、望远镜调焦螺旋、望远镜把手、目镜、垂直制动螺旋、垂直微动螺旋、管水准器、显示屏、电池锁紧杆、机载电池、仪器中心标志、水平微动螺旋、水平制动螺旋、外接电源接口、串口信号接口。

(2)(POWER)电源键——电源开关。

(3)(★)星键——星键模式用于如下项目的设置或显示:①显示屏对比度;②十字丝照明;③背景光;④倾斜改正;⑤定线点指示器;⑥设置音响模式。

(4)(⭦)坐标测量键——坐标测量模式。

(5)(◢) 距离测量键——距离测量模式。

(6)(ANG) 角度测量键——角度测量模式。

(7)(MENU)菜单键——在菜单模式和正常模式之间切换,在菜单模式下可设置应用测量与照明调节,仪器系统误差改正。

(8)(ESC)退出键——①返回测量模式或上一层模式;②从正常测量模式直接进入数据采集模式或放样模式;③可作为正常测量模式下的记录键。

(9)(ENT)确认输入键——在输入值末尾按此键。

(10)(F1 ~ F4)软键(功能键)——对应于显示的软键功能信息。

各测量模式见表 2-1 ~ 表 2-3。

表 2-1 角度测量模式

页数	软键	显示符号	功能
1	F1	置零	水平度盘为0°00′00″
	F2	锁定	水平角读数锁定
	F3	置盘	通过键盘输入数字设置水平角
	F4	P1↓	显示第2页软键功能
2	F1	倾斜	设置倾斜改正开或关
	F2	复测	角度重复测量模式
	F3	V%	垂直角百分比坡度显示
	F4	P2↓	显示第3页软键功能
3	F1	H—蜂鸣	仪器每转动水平角90°是否要发出蜂鸣声的设置
	F2	R/L	水平角右/左记数方向的转换
	F3	竖盘	垂直角显示格式(高度角/天顶距)的切换
	F4	P3↓	显示第1页软键功能

表 2-2 距离测量模式

页数	软键	显示符号	功能
1	F1	测量	启动测量
	F2	模式	设置测距模式精测/粗测/跟踪
	F3	S/A	设置音响模式
	F4	P1↓	显示第2页软键功能
2	F1	偏心	偏心测量模式
	F2	放样	放样测量模式
	F3	M/f/i	米、英尺或者英尺、英寸单位的变换
	F4	P2↓	显示第1页软键功能

表 2-3 坐标测量模式

页数	软键	显示符号	功能
1	F1	测量	开始测量
	F2	模式	设置测量模式精测/粗测/跟踪
	F3	S/A	设置音响模式
	F4	P2↓	显示第3页软键功能
2	F1	镜高	输入棱镜高
	F2	仪高	输入仪器高
	F3	测站	输入测站点坐标
3	F1	偏心	偏心测量模式
	F2	M/f/i	米、英尺或者英尺、英寸单位的变换
	F3	P3↓	显示第3页软键功能

实验十　全站仪控制测量

一、实验目的

学会利用 TOPCON GTS－335N 全站仪进行导线坐标的连续测量。

二、实验要求

3 人一组，每个小组必须测定出一条不少于 4 个点的闭合导线，起点坐标设为(500,500,500)。

三、仪器工具

全站仪一台，棱镜一只。

四、实验内容

利用 TOPCON GTS－335N 全站仪完成导线坐标的测量，并进行平差计算。

五、实验方法及步骤

(1)在选择好的导线控制点上架设仪器，在上一个导线控制点上架设棱镜。见图 2-1。

(2)在测站点对中整平后，初始化测站，在操作键盘上选择坐标测量模式键，切换到坐标测量模式，按 F4 软键，进入第 2 页。

N			m
E			m
Z			m
镜高	仪高	测站	P2
F1	F2	F3	F4

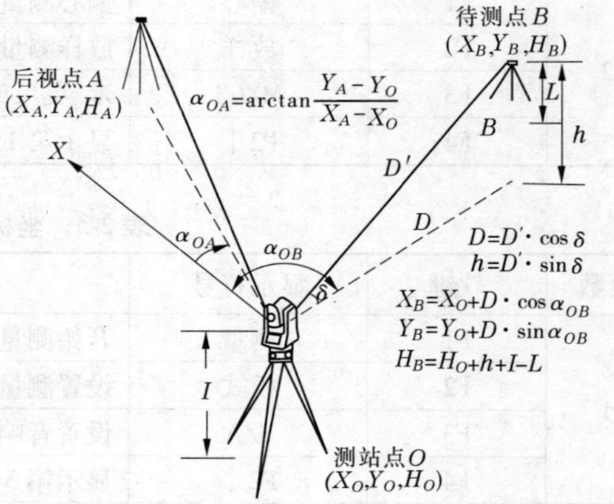

图 2-1　一个测站上全站仪坐标测量

(3)按 F3(测站)键，输入 N、E、Z，即测站点的 X、Y、H 坐标。

(4)在坐标测量模式，按 F4 软键，进入第 2 页。按 F2(仪高)键，输入仪器高。

(5)在坐标测量模式，按 F4 软键，进入第 2 页。按 F1(棱镜)键，输入棱镜高。

(6)在操作键盘上选择角度测量模式键，切换到角度测量模式，旋转仪器到所需的水平角(即测站点到定向点的方位角)。

V		94°36′12″	
HR		214°33′42″	
置零	锁定	置盘	P1
F1	F2	F3	F4

(7)按 F2(锁定)键,瞄准定向导线控制点。

(8)按 F3(是)键,完成水平角设置(也可输入定向点的坐标,并选择一种测量方法进行测量,这样后视方向方位角就被设置)。

(9)瞄准下一个导线点,按坐标测量键,开始测量。

N		5358.979 m	
E		5012.321 m	
Z		514.810 m	
测量 F1	模式 F2	S/A F3	P1 F4

(10)显示测量结果,记录该坐标值。

(11)搬站到下一点,重复以上步骤。

实验十一　四等水准测量

一、实验目的

(1)掌握双面尺法进行水准测量的观测、记录、计算和校核方法。

(2)熟悉四等水准测量的主要技术指标、观测方法,掌握测站及水准路线的检核方法。

二、实验要求

(1)3 人一组轮换观测。

(2)选定一条闭合或附合水准路线,其长度以安置 4 ~ 6 个测站为宜。

(3)有关技术指标的限差规定见表 2-4。

表 2-4

等级	视线高度(m)	视距长度(m)	前后视距差(m)	前后视距累计差(m)	黑红面读数差(mm)	黑红面高差之差(mm)	线路闭合差(mm)
四	>0.3	≤75	≤3	≤10	≤3	≤5	$\pm 20\sqrt{L}$

三、仪器工具

DS_3 型水准仪一台，双面水准尺一对，尺垫二个。

四、实验内容

进行一条闭合或附合水准路线测量，其路线一般安置 4 ~ 6 个测站。

五、实验方法及步骤

(1) 在起点与第一个立尺点之间设站，立尺点可选择有凸出点的固定地物或安放尺垫。

(2) 按后—前—前—后的顺序观测，即：

后视黑面尺——精平，读取下、上丝读数，读取中丝读数；

前视黑面尺——精平，读取下、上丝读数，读取中丝读数；

前视红面尺——精平，读取中丝读数；

后视红面尺——精平，读取中丝读数。

(3) 当测站观测记录完毕后随即计算①前后视距(m)；②前后视距差(m)；③前后视距累计差(m)；④黑红面读数差(mm)；⑤黑红面高差之差(mm)；⑥高差中数。

(4) 检查各项限差要求。待满足规范规定后方可进行下一测站的观测。

(5) 依次设站同法测量其他各站。

(6) 全路线测完后完成计算内容：①路线总长(即前后视距之和)；②前后视距差之和。

六、注意事项

(1) 前后视距要在限差规定范围内。

(2) 从后视转为前视望远镜不能调焦。

(3) 水准尺应完全竖直，最好用有水准器的水准尺。

(4) 每站观测结束应立即计算检核，如有超限则重测该测站。

(5) 全路线施测计算完毕，各项检核已符合，路线闭合差也在限差之内，即可收测。

实验十二　GPS 认识及使用

一、实验目的

(1) 了解 GPS 接收机的构造及组成，初步掌握 GPS 接收机的操作方法。

(2) 掌握 GPS 天线高量测方法。

(3) 掌握 GPS 静态相对定位测量的方法。

二、实验要求

(1)分3组在3个控制点上安置GPS接收机。

(2)同时开启电源接收机开关进行观测。

(3)选择校园内空旷路面或广场。

三、实验仪器和工具

(1)Trimble 5700(或Ashtech Locus)接收机(3台):GPS接收机天线单元、GPS接收机主机单元、天线电缆、天线基座连接器、天线基座。

(2)1号干电池12节。

(3)小卷尺、三脚架、对讲机。

四、实验内容

(1)GPS接收机结构及组成。

(2)GPS接收机操作方法。

(3)GPS天线高量测方法。

(4)学习同步图形逐步扩展法,分组进行GPS静态相对定位测量。

五、实验方法及步骤

(1)分组协商,拟定外业观测计划,选择3个控制点并作标记。

(2)在3个控制点上同时安置GPS接收机,将GPS接收机天线安置在基座和三脚架上,对中、整平。

(3)记录接收机系列号、天线类型、接收机类型、观测日期、天气、班组、记录者名称、控制点名、控制点号。

(4)连接GPS接收机天线与接收机主机电缆。

(5)采用斜高法量取天线高,第一次记录量测数据。

(6)用对讲机联络,3个接收机同时开启电源开关。

(7)启动接收机电源开关,接通电源,观察接收机面板指示灯显示状态。

(8)记录开机时间。

(9)持续观测30 min以上时间,同时关机 。

(10)测完以后,再搬站,迁站前再量测天线高,记录关机时间及天线高数据。

(11)及时进行室内数据下载。

六、注意事项

(1)野外操作GPS接收机开机时要特别警惕,按下电源按钮时,接收机面板上几个LED灯一亮,应立即松手,否则,会导致接收机内以前存在的数据丢失。

(2)野外观测时,禁止使用手机。

(3)GPS接收机上空应避免有遮蔽物。

实验十三　碎部测量

一、实验目的

(1)掌握选择地形点的要领。

(2)掌握大比例尺地形图测绘方法。

二、实验要求

(1)每 3 人一组,轮换操作。

(2)选择具有典型地物和地貌的地段作为实验场地。

三、仪器工具

经纬仪 1 台,视距尺 1 根,花杆 1 根,皮尺 1 把,比例尺 1 支,量角器 1 个,小针 1 个,绘图板 1 块,绘图纸 1 张,绘图工具 1 套,计算器 1 个。

四、实验内容

每组至少观测绘制一个完整地物的特征点,并展绘到图纸上。

五、实验方法及步骤

(1)在控制点 A 安置经纬仪,作为测站点,量取仪器高,盘左瞄准控制点 B,并将水平度盘配置为 $0°00'00''$。在图纸上定出 A 点,画出 AB 方向线,用小针将量角器中心钉在 A 点。

(2)按商定路线将视距尺立于各碎部点,按视距测量方法观测记录视距、竖直角和水平角,计算平距和高程,并记下碎部点名称。

(3)根据有关数据用量角器和比例尺将碎部点展绘于图上,并注记高程,及时绘出地物、勾绘等高线、对照实地检查有无遗漏。

(4)搬迁测站,同法测绘,直到指定范围的地形、地物均已展绘为止。最后依图式符号进行整饰。

六、注意事项

(1)测图比例尺可根据专业需要自行选定。

(2)经纬仪观测过程中,每测 20 点左右要重新瞄准起始方向进行检查,若水平度盘读数变动超过 $4'$,则应检查所测碎部点数据。

(3)绘图过程中应保持图面整洁。碎部点高程的注记应在点位右侧 1.5 mm 左右,字头一律向北。

实验十四　全站仪坐标放样

一、实验目的

学会利用 TOPCON GTS－335N 全站仪进行施工放样。

二、实验要求

3 人一组，每个人必须完成 1～2 个放样点的测量。

三、仪器工具

全站仪一台，棱镜一只。

四、实验内容

(1)完成测站架设、对中、整平、定向、坐标初始化。
(2)完成利用放样模式进行放样点的测量与记录。

五、实验方法及步骤

按 MENU 键仪器进入菜单 MENU 1/3 模式。

菜单		1/3
F1：	数据采集	
F2：	放样	
F3：	存储管理	P↓

按 F2(放样)键，选择一个文件供放样用。

选择文件			
FN：			
输入	调用	跳过	回车

选择一项进入放样菜单 1/2。

放样		1/2
F1：	测站点输入	
F2：	后视	
F3：	放样	P↓

按 F1 键输入测站点坐标，按 F2 键输入后视数据，按 F3 键输入放样点数据。

（一）设置测站点的方法

设置测站点的方法有两种，即利用内存中的坐标设置和直接输入测站点坐标。

1. 利用内存中的坐标设置

（1）由放样菜单 1/2 按 F1（测站点输入）键，即显示原有数据。

测站点			
点号：	______		
输入	调用	坐标	回车

（2）按 F1（测站点输入）键，输入坐标，按 F4（ENT）键。

仪器高			
输入			
仪高：		0.000 m	
输入	…………	……	回车

（3）按同样方法输入仪器高，显示屏返回到放样菜单 1/2。

放样		1/2
F1：	测站点输入	
F2：	后视	
F3：	放样	P↓

2. 直接输入测站点坐标

（1）由放样菜单 1/2 按 F1（测站点输入）键，即显示原有数据。

测站点			
点号：________			
输入	调用	坐标	回车

(2)按 F3(坐标)键。

N：	0.000 m	
E：	0.000 m	
Z：	0.000 m	
输入 ……	点号	回车

(3)按 F1(输入)键,输入坐标。按 F4(回车)键。

仪器高			
输入			
仪高：		0.000 m	
输入	……	……	回车

(4)按同样方法输入仪器高,显示屏返回到放样菜单。

(二)设置后视点的方法

(1)利用内存中的坐标数据文件设置后视点。

(2)直接键入坐标数据。

(3)直接键入设置角。

①由放样菜单 1/2 按 F2 键。

后视			
点号：________			
输入	调用	坐标	回车

②按 F1(输入)键,输入点号,按 F4 键,这时,每按一下 F3 键,输入后视点的方法依次改变为(1)、(2)、(3)。

后视			
点号: ________			
输入	调用	坐标	回车

N =0.000 m			
E =0.000 m			
输入	……	AZ	回车

后视			
HR:			
输入	……	点号	回车

③照准后视点,按 F3 键显示屏返回到放样菜单 1/2。

后视			
H(B) =0°00′00″			
照准	?	是	否

(三)设置放样点的方法

(1)通过点号调用内存中坐标值。

(2)直接键入坐标值。

①由放样菜单 1/2 按 F3(放样)键。

②按 F1(输入)键,输入点号。按 F4(回车)键。

③按同样方法输入反射镜高,当放样点设定后,仪器就进行放样元素的计算。*HR* 表示放样点的水平角计算值,*HD* 表示仪器到放样点水平距离计算值。

④照准棱镜,按 F1(角度)键,显示内容。

点号:放样点。

HR:实际测量的水平角。

DHR:对准放样点应转动的水平角 = 实际水平角 - 计算的水平角。当 *DHR* = 0°00′00″时,表明放样方向正确。

⑤按 F1 距离键。

HD:实际测量的水平距离。

DHD:对准放样点尚差的水平距离 = 实测平距 - 计算平距。

DHZ:对准放样点尚差的垂直距离 = 实测高程 - 计算高程。

⑥按 F1(模式)键进行精测。

⑦当显示值 *DHR*、*DHD*、*DHZ* 均为零时,则放样点的测设工作已经完成。

⑧按 F3(坐标)键,即显示坐标值。

⑨按 F4(继续)键,进行下一个放样点的测设,点号自动加 1。

六、注意事项

(1)棱镜要立直。

(2)接近放样数据时,棱镜应缓慢移动。

第三部分　测量实习指导

测量实习是在课堂教学结束之后，在实习场地集中进行的测绘生产实践性教学，是各项课间实验的综合应用，也是巩固和深化课堂所学知识的必要环节。通过实习，不仅能够了解基本测绘工作的全过程，系统地掌握测量仪器操作、施测、计算、地图绘制、数字测图等基本技能，而且可为今后从事专门测绘工作或解决实际工程中的有关测量问题打下基础，还能在业务组织能力和实际工作能力方面得到锻炼。在实习中应该具有严格认真的科学态度、踏实求是的工作作风、吃苦耐劳的献身精神、团结协作的集体观念。

本实习中安排的大比例尺地形图测绘（包括控制测量、碎部测量、地图拼接与整饰等）、施工测量、数字测图等是必做的基本实习内容，实习安排2周的时间。

本实习是教学实习，最好能结合测量规范的学习进行测量作业。如果组织学生结合测绘生产任务进行实习，则应考虑安排教学实习应有的内容。

一、实习概述

（一）实习目的

（1）巩固和深化对工程测量课程的理解，熟悉并掌握地形测量内外业的技术设计、作业程序和施测方法。

（2）培养学生苦练基本功的良好风气，在测、记、算、绘等方面得到全面的训练，加强学生动手能力的锻炼并提高。

（3）培养在地形测量工作的设计、组织、安排、总结等管理方面的意识和能力。

（4）使每个学生具有严谨、细致、准确、快速的工作作风和科学态度。

（5）认识地形测量的科学性、艰苦性、重要性，培养良好的专业品质和职业道德，增强个人工作的责任感和测绘工作所必需的团结协作精神。

（6）培养学生在实践中灵活运用所学知识独立解决地形测量实际问题的能力。

（二）实习任务及要求

1. 仪器的检验与校正

1）经纬仪

（1）照准部水准管气泡不能偏离1格。

（2）视准误差不能超过30″。

（3）竖盘指标差不能超过1′。

2）水准仪

（1）圆水准气泡校正到圆周之内。

（2）水准管轴平行视准轴校正到5 mm。

2. 地形图测绘

图幅:20 cm×20 cm;比例尺 1∶500。

3. 数字测图

图幅:20 cm×20 cm;比例尺 1∶500。

4. 施工测量

可根据学生所学专业与实习时间等情况,选作其中一项内容。

(1)圆曲线测设。

(2)缓和曲线测设。

(3)线路纵、横断面测量。

(三)实习组织与纪律

1. 实习组织

(1)在测量实习期间的组织工作由主讲教师全面负责,每班除主讲教师外,还应该配备一名辅导教师,共同承担实习期间的辅导工作。

(2)实习工作按小组进行,每组 5~6 人,选组长 1 名,负责组内实习分工和仪器管理。

2. 实习纪律及注意事项

(1)严格遵守学生手册中有关规定。

(2)树立严肃认真的工作态度,严格执行有关测量的规定。

(3)搞好组内和组间的团结协作。

(4)加强组织性和纪律性,工作过程中不乱说、不打闹。

(5)必须认真参加所有实习阶段的工作,出测和收测时要步调一致,更不得无故缺席。不得相互代替工作,一经发现按作弊处理。

(6)对所领仪器和工具应精心照料、分工负责。对违章操作和保管不当造成损坏或遗失,按实验室制度由个人和小组负责赔偿。

(7)在外作业时,来往车辆和行人较多,应注意仪器和人身安全。遇到特殊情况时,应及时由组长向辅导老师汇报。

(8)每一项测量工作完成之后,要及时计算、整理成果并编写实习报告。原始数据、资料、成果应妥善保存,不得丢失。

(四)实习仪器和工具(以小组为单位)

1. 仪器

DJ_6 经纬仪一套,DS_3 水准仪一套,30 m 或 50 m 钢尺一把,小平板一套,皮尺一把,花杆两根,测钎两根。

全站仪一套,棱镜一套,小钢尺一把。

2. 工具

记录夹一个,三角板一副及比例尺一根。

3. 耗材

50 cm×60 cm 聚酯薄膜和白纸各一张,胶带纸一卷,测量数据记录计算表,红油漆一桶,毛笔一支,水泥钉一盒,2H 和 4H 铅笔各一支,橡皮一块。

4. 资料

(1)《工程测量实践指导》;

(2)《城市测量规范》;

(3)《1∶500　1∶1000　1∶2000 地形图图式》;

(4)测区已有控制点资料;

(5)测区已有地形图资料。

(五)实习时间安排

实习时间由教师根据学生专业酌情安排。时间安排见表 3-1。

表 3-1　工程测量教学实习时间安排参考表

内　容	天数(天)
动员、领取并检校仪器	0.5
地形图测绘(控制 3.0 天,地形 2 天,修图 0.5 天)	5.5
数字化测图	2.0
施工放样	0.5
曲线测设	0.5
编写实习报告、小结、考查	1.0
合计	10

(六)实习报告的编写

实习报告的编写内容与格式见本书的第四部分。

(七)考核内容和方式

1. 主要考核内容

1)小组交资料

(1)全部外业观测记录手簿、控制点成果表、控制网平面图。

(2)水准点位置略图与说明、观测记录手簿、水准点成果表。

(3)地形测量观测手簿、清绘好的地形图。

(4)数字化地形图。

(5)经纬仪、水准仪的检校成果。

2)个人交资料

(1)平面和高程控制测量的计算成果。

(2)放样数据计算成果。

(3)实习报告。

2. 考核方式

(1)采用"实习成果 + 口试 + 具体操作 + 考勤"的考核方式,各项具体比例由任课教师自主确定。

(2)成绩评定可分为优、良、中、及格与不及格5个等级。凡违反实习纪律、缺勤天数超过实习总天数的1/3者,未交实习成果资料、实习报告甚至伪造成果者,均作不及格处理。

二、大比例尺地形图测绘

(一)踏勘选点

每组在指定的测区进行踏勘,了解是否有已知等级控制点,熟悉测区施测条件。根据测区范围和测图要求确定布网方案进行选点。选点的密度应能覆盖整个测区,便于碎部测量,一般要求相邻点之间的距离为30~170 m,相邻导线边长大致相等。控制点的位置应选在土质坚实便于保存标志和安置仪器,通视良好便于测角和量距,视野开阔便于施测碎部之处。如果测区内有已知点,则所选图根控制点应包括已知点。点位确定之后,即打木桩,桩顶钉上小钉作出标记,并编号。

(二)平面控制测量

在测区实地踏勘,进行布网选点后,开始平面控制测量。平坦地区(量距方便的情况下)一般布设闭合导线或附合导线。在控制点上进行观测,经过内业计算获得平面坐标。

1. 水平角观测

在每个控制点上用DJ_6光学经纬仪观测2测回,每测回的精度要求参见工程测量教材。导线网用测回法,角度闭合差的限差为$\pm 60'' \sqrt{n}$(n为导线的测角数)。

2. 边长测量

导线的边长用检定过的钢尺采取一般测距的方法往、返测量,在平坦地区边长相对误差的限差为1/3 000,特殊困难地区限差可放宽为1/1 000。导线全长相对闭合差的限差一般为1/ 2 000。有条件的情况下,尽量应用光电测距仪测定边长。

3. 联测

当测区内无已知点时,应尽可能找到测区外的已知控制点,并与本区所设图根控制点进行联测,这样可使各级所设控制网纳入统一的坐标系统,也便于相邻测区边界部分的碎部测量。对于独立测区也可用罗盘仪测定控制网一个边的磁方位角,并假定一点的坐标作为起算数据。

4. 平面坐标计算

首先校核外业观测数据,在观测成果合格的情况下进行闭合差配赋,然后由起算数据推算各控制点的平面坐标。计算方法根据布网形式查阅教材有关章节。计算中角度取至秒,边长和坐标值取至厘米。

(三)高程控制测量

在踏勘的同时布设高程控制网,测定图根点的高程。首级高程控制点可设在平面控制点上(应包括已知水准点),采用四等水准测量。一般高程控制点,平坦地区采用图根水准测量,布网形式可为附合水准路线、闭合环或结点网,丘陵地区采用三角高程测量,布设形式可为三角高程路线成多角交会。

1. 水准测量

用DS_3水准仪沿路线设站单程施测,各站采用双面尺法或两次仪器高法进行观测,并取平均值作为该站的高差。图根水准测量的技术指标为视线长度小于100 m，同测站两次高差的互差不大于6 mm，路线允许高差闭合差为 $\pm 40\sqrt{L}$（mm）或 $\pm 12\sqrt{n}$（mm），式中 L 为以千米为单位的单程路线长度，n 为测站数。

2. 高程计算

对路线闭合差进行配赋后，由已知点高程推算各图根点高程。观测和计算单位取至毫米，最后成果取至厘米。

（四）大比例尺地形图的测绘

首先进行测图前的准备工作，按教师指导的方法在各图根点设站测定碎部点，同时展绘地形。

1. 准备工作

在原聚酯薄膜图纸上绘制坐标方格网，纵横线间隔为10 cm，线粗为0.1 mm。要求方格网实际长度与名义长度之差不超过0.2 mm，图廓对角线长度与理论长度之差不超过0.3 mm。

抄录控制点的平面和高程成果，展绘到图上，要求控制点间的图上长度与坐标反算长度之差不超过0.3 mm。对经纬仪、水准仪等进行检验和校正，技术指标参见相应实验。

2. 测绘方法及要求

测绘方法可选用经纬仪测绘法。

设站时经纬仪对中偏差应小于5 mm，以较远的点作为定向点并在测图过程中随时检查，经纬仪法测图时归零差应小于4′。对另一图根点高程检测的较差应小于0.2H（H 为基本等高距）。跑尺选点方法可由近及远，再由远到近，顺时针方向行进。所有地物和地貌的特征点都应立尺。地形点间距为30 m，视距长一般不得超过80 m。

展绘时应按图式符号表示出居民地、独立地物、管线及垣栅、境界、道路、水系、植被等，各项地物和地貌要素以及各类控制点、地理名称注记等。高程注记至分米，还在测点右边，字头朝北。等高距取1 m，勾绘等高线。所有地物、地貌应在测站上现场绘制完成。

（五）地形图的拼接、检查和整饰

1. 拼接

每幅地形图应测出图廓外0.5～1.0 cm。与相邻图幅接边时的容许误差：对一般地区而言，主要地物不应大于1.2 mm，次要地物不应大于1.6 mm，对丘陵地区或山区的等高线不应超过1～1.5根。如果这项实习属无图拼接，则可不进行此项工作。

2. 检查

先进行图面检查，查看图面上接边是否正确、连线是否矛盾、符号是否搞错、名称注记有无遗漏、等高线与高程点有无矛盾，发现问题应记录，便于野外检查时核对。野外检查时应对照地形图如实地全面核对，例如图上地物形状与位置是否与实地一致，地物是否遗漏，名称、注记是否正确齐全，等高线的形状、走向是否正确，若发现问题，应设站检查或补测。

3. 整饰

按照大比例尺地形图图式规定的符号，用铅笔对原图进行整饰，整饰的一般顺序为：内图廓线、控制点、独立地物、主要地物、次要地物、高程注记、等高线、植被、名称注记、外图廓线及图廓外注记等。要求达到真实、准确、清晰、美观。

图廓线外正上方写明测区名称和图幅号,正下方写明测图比例尺;在图廓线外右下方写明测图班组成员姓名及测图日期。

三、数字测图

数字测图一般是用全站仪进行实地测量,将野外采集的数据自动传输到电子手簿、磁卡或便携机内记录,并在现场绘制地形(草)图,到室内将数据传输到计算机,人机交互编辑后,由计算机自动生成数字地图,并控制绘图仪自动绘制地形图。由于测绘仪器测量精度高,而电子记录又如实地记录和处理,所以地面数字测图是几种数字测图方法中精度最高的一种,也是城市地区的大比例尺测图(尤其是1:500测图)中最主要的方法。

与白纸测图一样,数字化测图也应遵循从整体到局部的原则,首先进行平面和高程控制测量,确定图根点的平面坐标和高程,然后根据控制点进行碎部测量。

(一)图根控制测量

图根控制测量主要包括图根平面控制测量和高程控制测量。

1. 利用常规测量仪器与工具进行图根平面控制测量和高程控制测量

利用常规测量仪器与工具进行图根平面控制测量和高程控制测量的基本方法和基本要求在本教材的大比例尺地形图测绘部分已经详细论述,这里不再赘述。

2. 利用全站仪进行图根平面控制测量和高程控制测量

在小区域进行大比例尺地形图测绘,如果精度要求不高或者条件许可的情况下,可以直接利用全站仪进行图根平面控制测量和高程控制测量。也就是说,可以利用全站仪的坐标测量功能,一次完成控制点的三维坐标测量及其导线平差。具体操作如下:

坐标测量可在全站仪坐标测量模式下进行,也可在数据采集中进行,但都必须进行测站点坐标、仪器高、棱镜高及后视方向方位角的设置。

(1)设置测站点坐标。在一个已知测站点 O 上安置仪器,通过键盘输入(设置)测站点坐标 X_O、Y_O、H_O(即 N_O、E_O、Z_O)。如图2-1所示。

(2)输入(设置)仪器高 I 。

(3)输入(设置)棱镜高 L。

(4)照准后视点,输入(设置)起始边方位角 α_{OA}。

输入后视方向 OA 的方位角(瞄准 A 点)(也可输入 A 点的坐标,并选择一种测量方法进行测量,这样起始边方位角就被设置)。

(5)进行坐标测量。再照准目标 B,按 ⌞ 键,即可测量并显示未知点 B 的坐标 X_B、Y_B、H_B(即 N_B、E_B、Z_B)。这个过程的实质是,既测了照准点 B 的水平角(等于 OB 的方位角 α_{OB})、竖直角 δ_{OB},又测了 OB 的斜距 SD,并自动计算出平距 HD 和垂距 VD。

TOPCON CTS－335N 全站仪坐标测量的具体步骤见表3-2。

(6)仪器搬至下一点,重复步骤(1)~(5),直到将所有导线点的坐标全部测出为止。

(7)导线的平差计算(平差方法见教材),导线点的三维坐标计算。

表 3-2 TOPCON GTS－335N 全站仪坐标测量操作过程

操作过程	操作	显示
①设置已知点 A 的方位角	照准 A、置盘 输入方向角	V 86° 52′ 36″ HR 95 ° 30′ 50″ 置零 锁定 置盘 P1↓
②照准目标 B 距离	照准棱镜B	
③按[⊿]键，开始测量	按[⊿]	N [cr] –< m E m Z m 测量 模式 S/A P1↓
显示测量结果		N 723.658 m E 534.267 m Z 28.912 m 测量 模式 S/A P1↓

(二)碎部测量——“草图法”工作方式数字测图

1. 经纬仪“草图法”测图

用经纬仪测绘法结合绘制草图并填写碎部记录表格完成外业，内业数据输入步骤为：在 CASS6.0 操作界面的菜单栏(见图 3-1)点“数据”—“原始测量数据录入”—“不需控制点坐标文件”，显示出(见图3-2)输入 CASS6.0 原始数据文件名界面，输入文件名后，点击“确定”。显示出(见图 3-3)原始测量信息界面，录入测站点坐标和高程(x,y,H)、定向点坐标(x,y)、水平角、竖直度盘读数、镜高(中丝读数)和斜距(视距间隔乘以 100)。之后点击“记录”，进入下一个点的输入，全部数据输完后，点击数据下拉菜单的原始数据格式转换菜单，在命令输入框中选择经纬仪测绘法，按回车键弹出图 3-4 所示对话框，选择文件，点击“打开”，弹出图 3-5 所示对话框，保存为数据文件格式，即可直接进行地形图绘制。

2. 全站仪“草图法”工作方式测图

“草图法”实际测图时可以不输入编码，而是用草图记录各测点的编号和属性，全站仪只记录测点的点号和三维坐标，以后在室内根据点号和草图进行地形图编辑。显然，为了能够正确地绘制地形图，必须保证草图上的点与全站仪内存中的点有一一对应的关系，这就要求观测员和绘图员经常相互核对点号，防止出错。

“草图法”工作方式要求外业工作时，除了测量员和跑尺员，还要安排一名绘草图的人员，在跑尺员跑尺时，绘图员要标注出所测的是什么地物(属性信息)并记下所测点的点号(位置信息)，在测量过程中要和测量员及时联系，使草图上标注的点号和全站仪里记录的点号一致。这种方法在测量每一个碎部点时不用在电子手簿或全站仪里输入地物编码，故又称为“无码方式”。

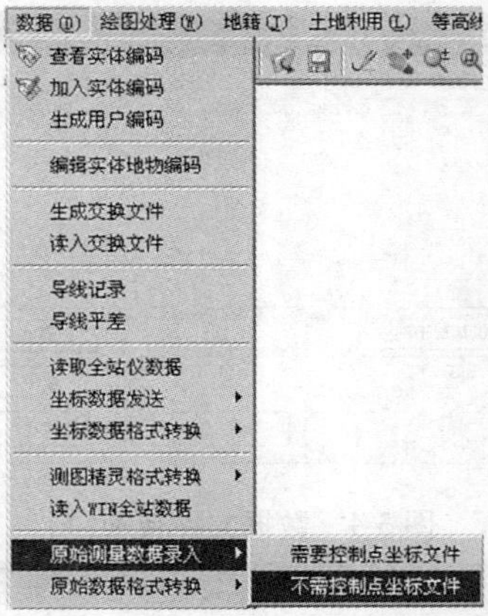

图 3-1　打开原始数据录入文件

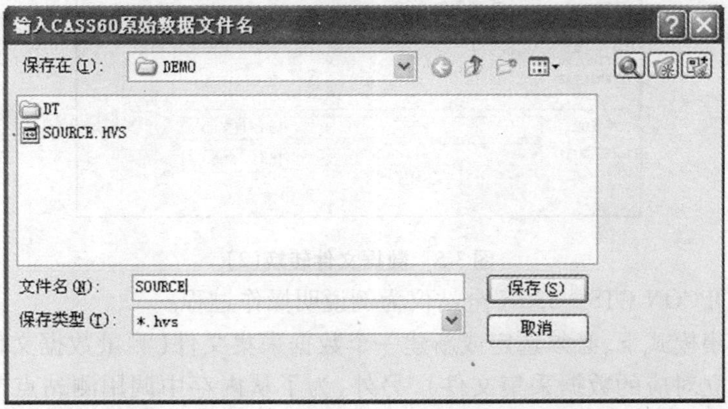

图 3-2　输入文件名

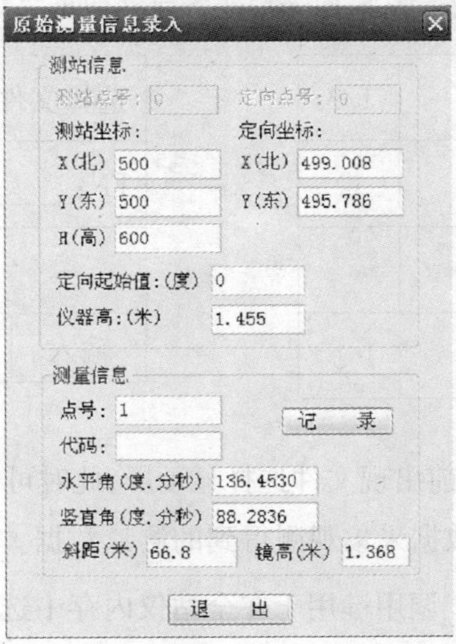

图 3-3　数据录入

“草图法”工作方式数字测图的野外作业过程：控制点数据录入→设站→定向→数据采集→草图。

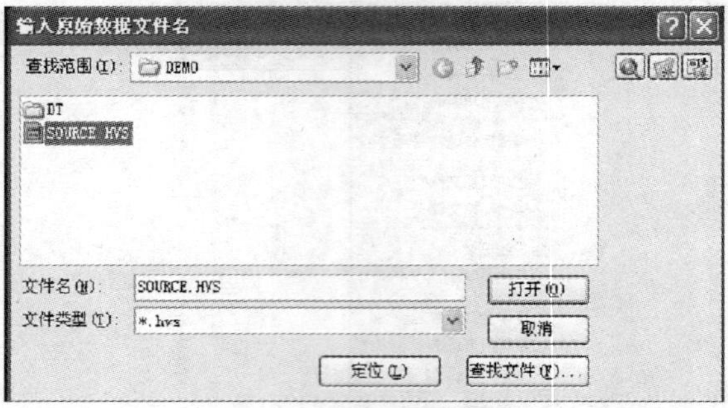

图 3-4　数据文件转换(1)

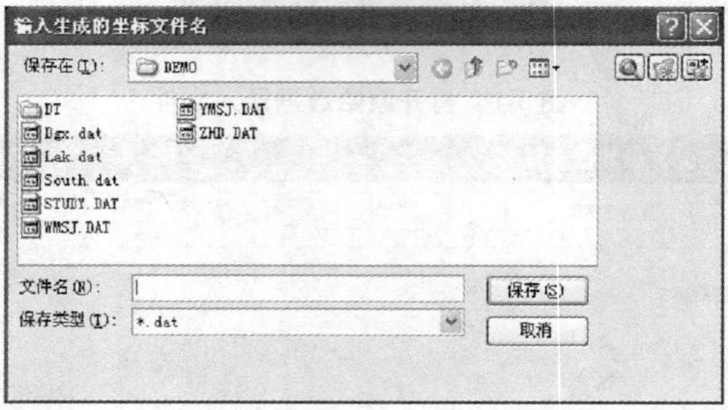

图 3-5　数据文件转换(2)

下面以 TOPCON GTS－335N 全站仪为例说明操作过程。

在数据采集模式下,必须选定或新建一个数据采集文件(测量数据文件。注意:每个测站应单独建立对应的数据采集文件),另外,为了从内存中调用测站点或后视点坐标,还可以在内存中新建或者选择一个内存中已经存在的坐标数据文件。

(1)在主菜单 1/3 状态下,按下 F1 键,准备启动数据采集模式。

菜单	1/3
F1:数据采集	
F2:放样	
F3:存储管理	P↓

选择文件			
FN:________			
输入	调用	——	回车

在启动数据采集模式之前出现文件选择显示屏,此时可选定一个文件,该文件作为数据采集文件,可以用来存储数据采集观测得到的测量数据。该文件选择界面中,F1 输入键用于创建一个新文件。F2 调用键用于在全站仪内存中选择一个已经建立好的数据采集文件。

(2)可以调用该文件中的坐标作为测站点或后视点坐标用。

在数据采集菜单中 2/2 页,可以进行文件选择。

数据采集	2/2
F1:选择文件	
F2:编码输入	
F3:设置	P↓

选择文件
F1:测量数据
F2:坐标数据

选择文件结束后显示数据采集 1/2 界面。测站点坐标可按如下两种方法规定:

数据采集	1/2
F1:测站点输入	
F2:后视	
F3:前视/侧视	P↓

①调用内存中的坐标来设定(如下面的[查找]、[调用]、[输入]键可完成此功能)。

②直接由键盘输入坐标(如下面的[坐标]、[输入]键可完成此功能)。

按 F1 后进入测站点输入界面。

点号 →			
标识符:			
仪高:			
输入	查找	记录	测站

按 F4 进入测站。

测站点			
点号:____			
输入	调用	坐标	回车

随后输入测站点的仪器高后,按 F3 记录键随即显示该点的坐标。

N		499.000	
E		495.000	
Z		514.810	
> OK	?	是	否

选"F3→是"后,可按 F2 进入后视选择界面,后视点或者定向角可按如下三种方法来设定:

点号 :CG01A			
标识符:			
仪 高:1.500m			
>记录	?	是	否

选 F3 显示屏返回数据采集菜单 1/2。

①调用内存中的坐标数据来设定;

②直接输入后视点的坐标;

③直接输入设置的方位角。

后视点　→			
编码			
仪高：			
输入	置零	测量	后视

按输入键可输入点号，也可以按 F4 后视键，进入坐标或后视角设置界面。

后视			
点号：＿＿＿＿			
输入	调用	NE/AZ	回车

按 F3 键，输入方法就会在坐标值、设置角度、点号之间交替切换。

照准后视点后，选择测量键，选择一种测量模式并按相应的软键，此时系统根据定向角的计算结果设置水平度盘读数，测量结果被保存，显示屏返回数据采集主菜单 1/2。

后视点→KZD10			
编码			
仪高：			
角度	斜距	坐标	—

按 F3 坐标。

N	500.000
E	500.000
Z	514.810
>记录	

之后返回数据采集主菜单 1/2。

按 F3 前视/侧视键进入碎部点的数据采集模式。

点号→			
编码			
镜高：			
输入	查找	测量	同前

按 F1 输入点号，最好命名为字母组合+001 形式。

点号　=　　09SB001			
编码			
镜高：			
ALP	SPC	CLR	ENT

按 F4 键结束输入。

点号　→ 09SB001			
编码			
镜高：			
输入	查找	测量	同前

按 F3 键开始测量。

点号　→ 09SB001			
编码			
镜高：			
角度	斜距	坐标	偏心

按 F3 键开始测量。

N	499.000
E	495.000
Z	514.810
＞测量……	完成

按 F3 键开始测量

在草图上标记出 09SB001 点位。

记录自动增加到下一点号 09SB002

点号 → 09SB002			
编码			
镜高:			
输入	查找	测量	同前

按 F4 键用(同前)。

该点测量结束后在草图上勾出点与点的连线,并注明它是什么地形。

必须注意的是,仪器每次迁站后,都要重新设置测站和后视方向,以保证碎部点测量的正确性。

(三)内业成图

1. 数据下载(存储管理菜单中第三页:数据通信)

MENU 进入菜单模式。

菜单	1/3
F1:数据采集	
F2:放样	
F3:存储管理	P↓

按 F3 键进入存储管理。

存储管理	1/3
F1:文件状态	
F2:查找	
F3:文件维护	P↓

按 F4 键两次进入存储管理 3/3 页。

存储管理	3/3
F1:数据通信	
F2:初始化	
	P↓

按 F1 键进入数据通信。

数据传输	
F1:发送数据	
F2:接收数据	
F3:通信参数	

按 F3 键设置通信参数。

通信参数	1/2
F1:协议	
F2:波特率	
F3:字符/校验	

协议:无;波特率:9 600。

字符/校验:8/无校验;停止位:2。

ESC 返回到数据传输菜单。

数据传输	
F1:发送数据	
F2:接收数据	
F3:通信参数	

按 F1 键发送数据。

发送数据	
F1:测量数据	
F2:坐标数据	
F3:编码数据	

按 F2 键选择坐标数据。

选择文件			
FN:CG01 -09 ______			
输入	调用	——	回车

按 F2 键选择坐标文件。

→09SB /C0099			
* 11SB /C0088			
——	查找	——	回车

按 F4 键确定。

发送坐标数据			
> OK			
——	——	是	否

按 F3 确认发送坐标数据。

2. 地形图绘制(以 CASS 绘图软件为例)

用“草图法”中的“点号定位法” 绘制平面图,只需把上述“坐标数据文件”中的碎部点点号展现在屏幕上,利用屏幕测点点号,对照草图上标明的点号、地物属性和连接关系,将每个地物绘出。

1)定显示区

点击“绘图处理”菜单下的“定显示区”,弹出如图 3-6 所示对话框,选择数据文件打开,命令区显示最小坐标与最大坐标。

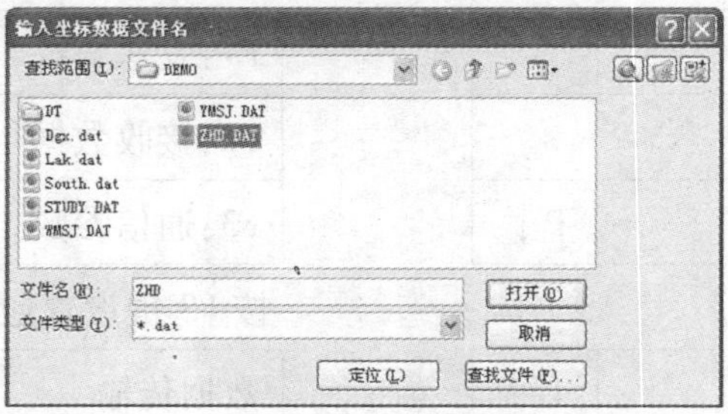

图 3-6 执行“定显示区”操作的对话框

2)选择测点点号定位成图

移动鼠标至屏幕右侧菜单区之“测点点号”项,点击左键,即出现图 3-7 所示的对话框。选择坐标数据文件打开,命令区显示读取点数。

3)展野外测点点号

“展点”将坐标数据文件中的各个碎部点点位及其属性(如点号、代码或高程等)显示在屏幕上。操作方法是在“绘图处理”菜单中选择“展点”下的“野外测点点号”项后,命令区显示比例尺选择,确定比例尺后,弹出类似图 3-7 的数据文件选择对话框,输入要展

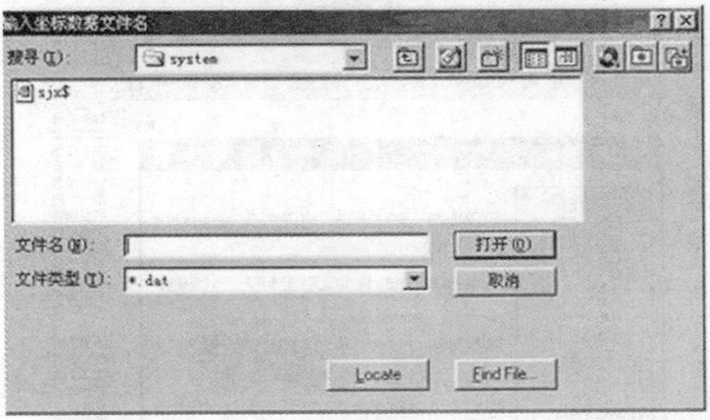

图 3-7　选择测点点号定位成图法的对话框

出的坐标数据文件名，单击“打开”按钮，则数据文件中所有点以注记点号（见图 3-8）形式展现在屏幕上。

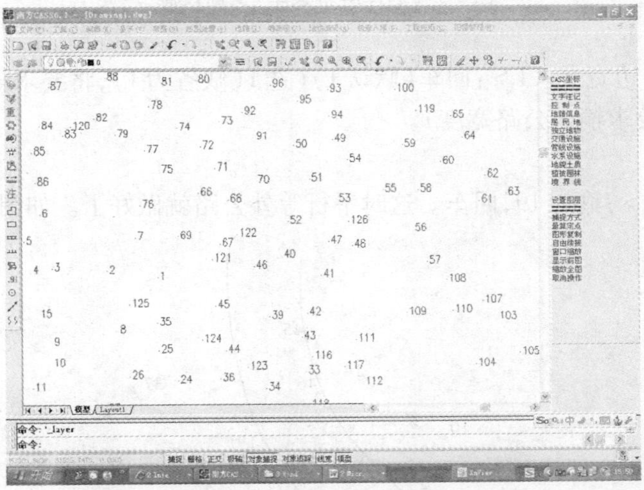

图 3-8　展点图

4）根据草图绘制相应的图式符号

软件将所有地物要素细分为文字注记、控制点、界址点、居民地等菜单，此时即可按照其分类分别绘制。选择右侧屏幕菜单的“交通设施”按钮，弹出图 3-9 所示的界面。通过“Next”按钮找到“平行等外公路”并选中，再点击“OK”，命令区提示：

点 P/＜点号＞：输入 92，回车。

点 P/＜点号＞：输入 45，回车。

点 P/＜点号＞：输入 46，回车。

点 P/＜点号＞：输入 13，回车。

点 P/＜点号＞：输入 47，回车。

点 P/＜点号＞：输入 48，回车。

点 P/＜点号＞：回车。

拟合线＜N＞？输入 Y，回车（输入 Y，将该边拟合成光滑曲线；输入 N（缺省为 N），则

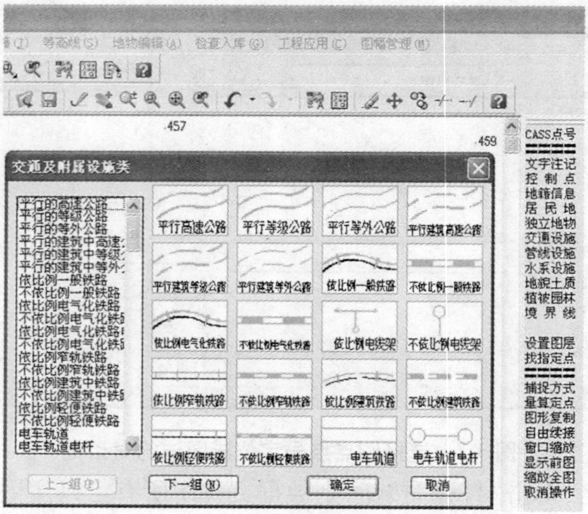

图 3-9　选择屏幕菜单“交通设施”

不拟合该线)。

1. 边点式/2. 边宽式 <1>:回车(默认 1)(选 1(缺省为 1),将要求输入公路对边上的一个测点;选 2,要求输入公路宽度)。

对面一点

点 P/ <点号>:输入 19,回车。这时平行等外公路就做好了。如图 3-10 所示。

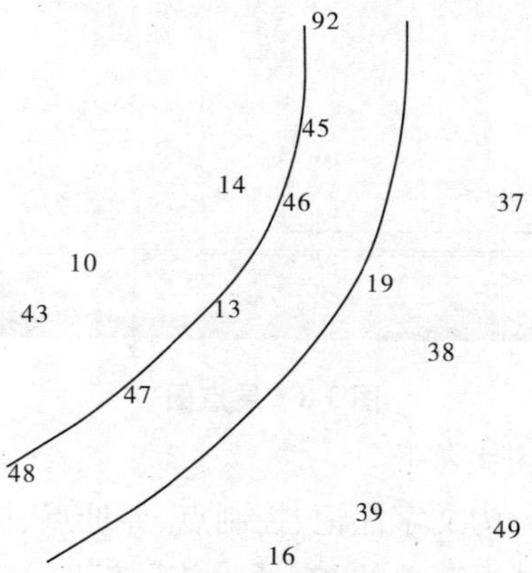

图 3-10　平行等外公路

如草图中由 34、33、35 号点连成一间普通房屋。因为所有表示房屋的符号都放在“居民地”这一层,这时便可移动鼠标至右侧菜单“居民地”处点击左键,系统便弹出如图 3-11 所示的对话框。再移动鼠标到“四点房屋”的图标处点击左键,图标变亮表示该图标已被选中,然后移鼠标至 OK 处点击左键。这时命令区提示:

1. 已知三点/2. 已知两点及宽度/3. 已知四点 <1>:输入 1,回车(或直接回车默认选 1)(已知三点是指测矩形房子时测了三个点;已知两点及宽度则是指测矩形房子时测了两个点及房子的一条边;已知四点则是测了房子的四个角点)。

点 P/ <点号>:输入 34,回车(点 P 是指由您根据实际情况在屏幕上指定一个点;点

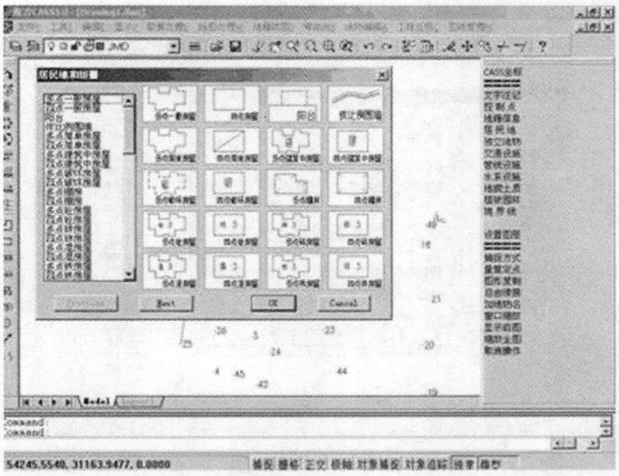

图 3-11 选择"居民地"图层的对话框

号是指绘地物符号定位点的点号,与草图的点号对应)。

点 P/ < 点号 > :输入 33,回车。

点 P/ < 点号 > :输入 35,回车(输入的点号必须按顺时针或逆时针的顺序输入,如上例的点号按 34、33、35 或 35、33、34 的顺序输入,否则就会绘出错误图形)。

重复上述操作,将 37、38、41 号点绘成四点棚房;60、58、59 号点绘成四点破坏房子;12、14、15 号点绘成四点建筑中房屋;50、51、53、54、55、56、57 号点绘成多点一般房屋;27、28、29 号点绘成四点房屋。

同样在"居民地"层找到"依比例围墙"的图标,将 9、10、11 号点绘成依比例围墙的符号;在"居民地"层找到"篱笆"的图标,将 47、48、23、43 号点绘成篱笆的符号。完成这些操作后,其平面图如图 3-12 所示。

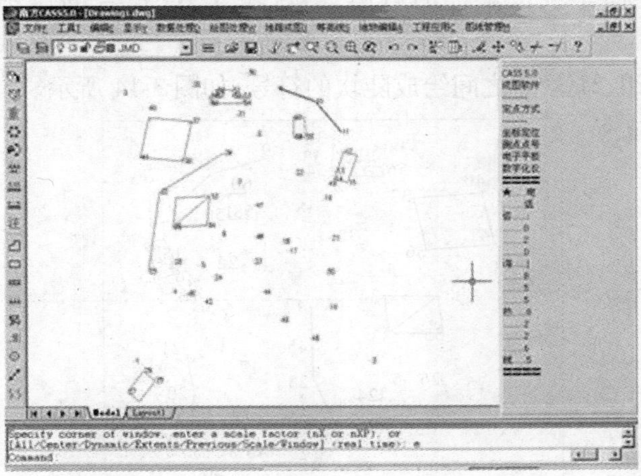

图 3-12 用"居民地"图层绘的平面图

再把草图中的 19、20、21 号点连成一段陡坎,其操作方法是:先移动鼠标至右侧屏幕菜单"地貌土质"处点击左键(因为表示陡坎的符号放在"地貌土质"这一层),这时系统便弹出如图 3-13 所示的对话框。

图 3-13　选择“地貌土质”图层的对话框

移动鼠标到表示未加固陡坎符号的图标处点击左键选择其图标，再移动鼠标到 OK 处点击左键确认所选择的图标。命令区便分别出现以下的提示：

请输入坎高，单位：米 < 1.0 >：输入坎高，回车（直接回车默认坎高 1 米）。在这里输入的坎高（实测得的坎顶高程），系统将坎顶点的高程减去坎高得到坎底点高程，这样在建立 DTM 时，坎底点便参与组网的计算。

点 P/ < 点号 >：输入 19，回车。

点 P/ < 点号 >：输入 20，回车。

点 P/ < 点号 >：输入 21，回车。

点 P/ < 点号 >：回车或按鼠标的右键，结束输入。

拟合吗？ < N > 回车或按鼠标的右键，默认输入 N（拟合的作用是对复合线进行圆滑）。

这时，便在 19、20、21 号点之间绘成陡坎的符号，如图 3-14 所示。

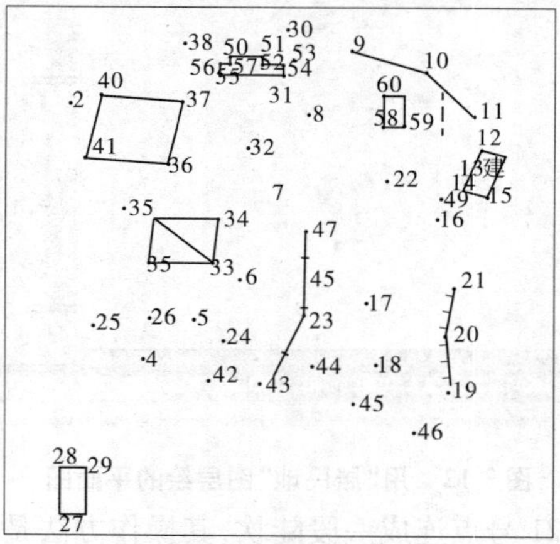

图 3-14　加绘陡坎后的平面图

这样，重复上述的操作便可以将所有测点用地图图式符号绘制出来。在操作的过程中,可以套用别的命令,如放大显示、移动图纸、删除、文字注记等。

5)等高线绘制

在数字化自动成图系统中,等高线是由计算机自动勾绘的,生成的等高线精度相当高。CASS6.0 在绘制等高线时,充分考虑到等高线通过地性线和断裂线的处理,如陡坎、陡崖等。CASS6.0 能自动切除通过地物、注记、陡坎的等高线。由于采用了轻量线来生成等高线,CASS6.0 在生成等高线后,文件大小比其他软件小了很多。在绘等高线之前,必须先将野外测的高程点建立数字地面模型(DTM),然后在数字地面模型上勾绘出等高线。

展高程点。用鼠标左键点取“绘图处理”菜单下的“展高程点”,将会弹出数据文件的对话框,找到数据文件,选择“OK”,命令区提示:注记高程点的距离(米):直接回车,表示不对高程点注记进行取舍,全部展出来。

建立 DTM。用鼠标左键点取“等高线”菜单下“用数据文件生成 DTM”,将会弹出数据文件的对话框,找到数据文件,选择“OK”,命令区提示:

请选择:1.不考虑坎高 2.考虑坎高 <1>:回车(默认选 1)。

请选择地性线:(地性线应过已测点,如不选则直接回车)

Select objects:回车(表示没有地性线)。

请选择:1.显示建三角网结果 2.显示建三角网过程 3.不显示三角网 <1>:回车(默认选 1)。

这样左部区域的点连接成三角网,其他点在 STUDY.DAT 数据文件里高程为 0,故不参与建立三角网,如图 3-15 所示。

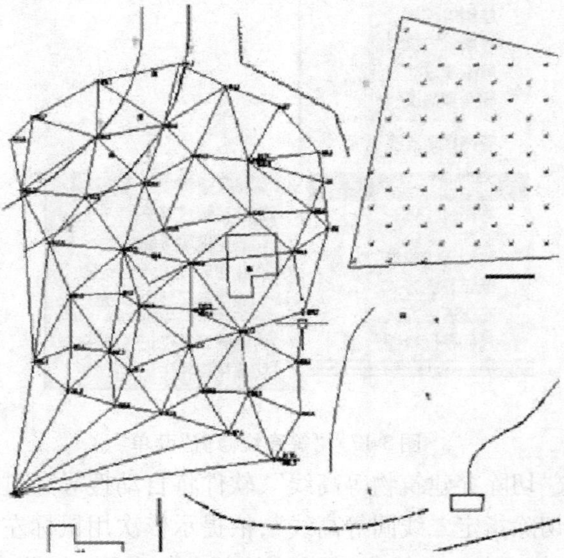

图 3-15 建立 DTM

绘等高线:用鼠标左键点取“等高线”菜单下的“绘等高线”,命令区提示:

最小高程为 490.400 米,最大高程为 500.228 米

请输入等高距 <单位:米>:输入 1,回车。

请选择:1.不光滑 2.张力样条拟合 3.三次 B 样条拟合 4.SPLINE <1>:输入 3,回车。这样等高线就绘好了。

再选择“等高线”菜单下的“删三角网”,这时屏幕显示如图 3-16 所示。等高线的修剪,利用“等高线”菜单下的“等高线修剪”二级菜单,如图 3-17 所示。

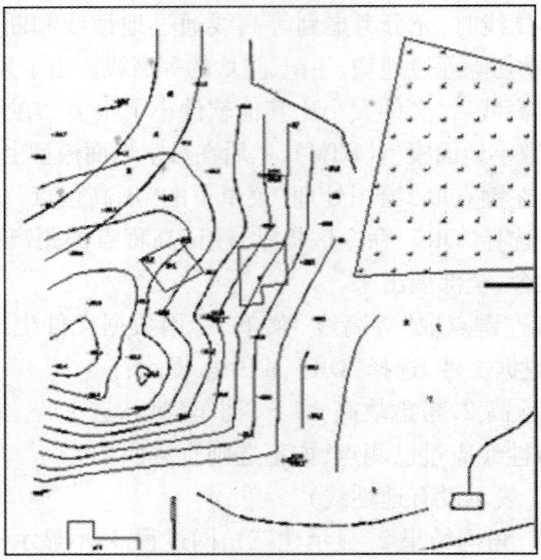

图 3-16　绘制等高线

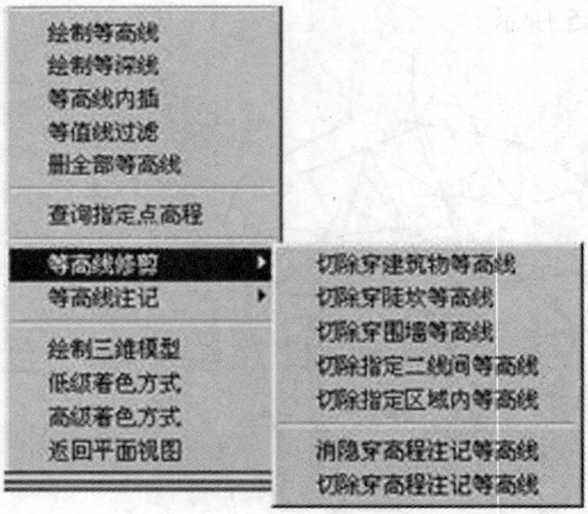

图 3-17　“等高线修剪”菜单

用鼠标左键点取“切除穿建筑物等高线”,软件将自动搜寻穿过建筑物的等高线并将其进行整饰。点取“切除指定二线间等高线”,依提示依次用鼠标左键选取左上角的道路两边,CASS6.0 将自动切除等高线穿过道路的部分。点取“切除穿高程注记等高线”,CASS6.0 将自动搜寻,把等高线穿过注记的部分切除。

6)加注记

在平行等外公路上加“经纬路”三个字。用鼠标左键点取右侧屏幕菜单的“文字注记”项,弹出如图 3-19 所示的界面。点击“注记文字”项,然后点取“OK”,命令区提示:

请输入图上注记大小(mm) <3.0>回车(默认3mm)。
请输入注记内容:输入“经”,回车。
请输入注记位置(中心点):在平行等外公路两线之间的合适的位置点击鼠标左键。

用同样的方法在合适的位置输入“纬”、“路”二字。

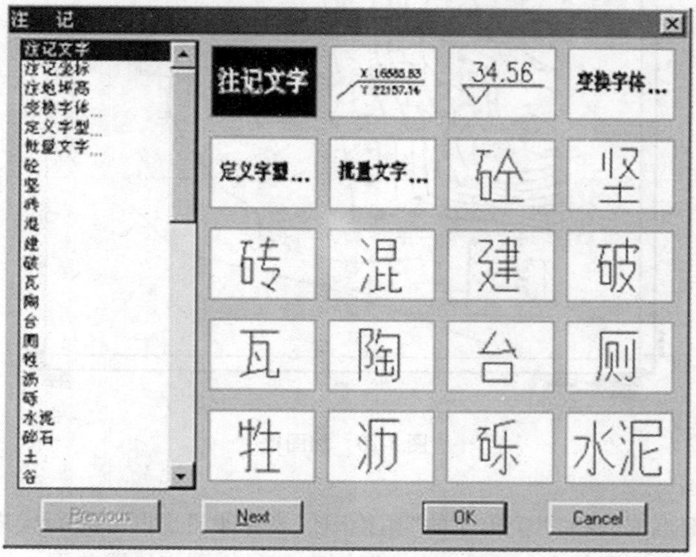

图3-18 文字注记对话框

7)加图框

用鼠标左键点击“绘图处理”菜单下的“标准图幅(50×40)”,弹出如图3-19所示的界面。在“图名”栏里,输入“建设新村”;在“测量员”、“绘图员”、“检查员”各栏里分别输入“张三”、“李四”、“王五”;在“左下角坐标”的“东”、“北”栏内分别输入“53073”、“31050”;在“删除图框外实体”栏前打勾,然后点击“确认”。这样这幅图就做好了,如图3-20所示。

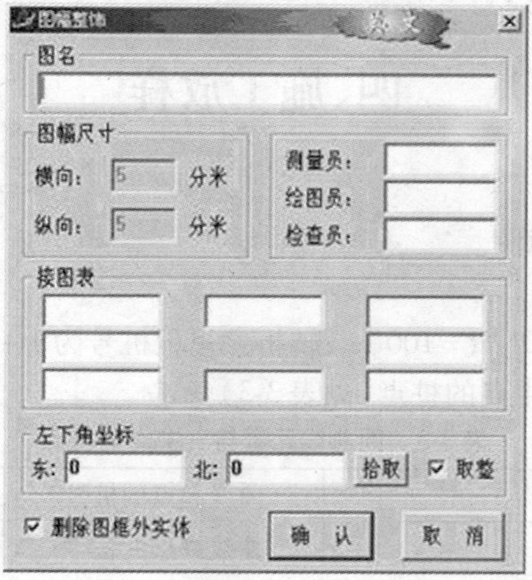

图3-19 输入图幅信息

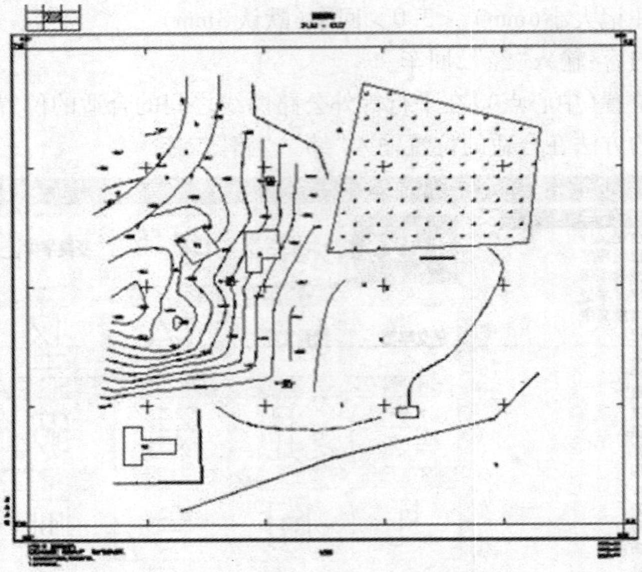

图 3-20　加图框

8)打印出图

用鼠标左键点取“文件”菜单下的“用绘图仪或打印机出图”,进行绘图。选好图纸尺寸、图纸方向之后,用鼠标左键点击“窗选”按钮,用鼠标圈定绘图范围。将“打印比例”一项选为“2∶1”(表示满足 1∶500 比例尺的打印要求),通过“部分预览”和“全部预览”可以查看出图效果,满意后就可单击“确定”按钮进行绘图。

3.地形图的检查

对成图图面应按规范要求进行检查。检查方法为室内检查、实地巡视检查及设站检查。检查中发现的错误和遗漏应予以纠正和补测。外业仪器设站检查可以是同精度检查,也可以是高精度检查;可以采用作点法,也可以采用断面法。所求地物点点位中误差和等高线高程中误差应达到《城市测量规范》的精度要求。

四、施工放样

(一)圆曲线测设

图 3-21 为圆曲线示意图。

1.测设前的计算工作

(1)已知:$\alpha = 23°36'12''$;$R = 100$ m ;转折点里程桩号为 1 +513.8 m 。

(2)圆曲线元素与三主点的桩点(见表 3-3)。

表 3-3　圆曲线元素与三主点的桩点

切线长		曲线起点的桩号	
曲线长		曲线终点的桩号	
外矢矩		曲线中点的桩号	

(3)计算用偏角法详细测设曲线时各标定点的桩号、偏角和弦长(见表3-4)。(弧长 $l=5$ m)

表3-4　计算桩号、偏离和弦长

标定点	桩号	总偏角	弦长
曲线起点		—	—
曲线上第1点			
曲线上第2点			
曲线上第3点			
曲线上第4点			
曲线上第5点			
曲线上第6点			
曲线上第7点			
曲线上第8点			
曲线上第9点			
曲线上第10点			
曲线上第11点			
曲线上第12点			
曲线上终点			

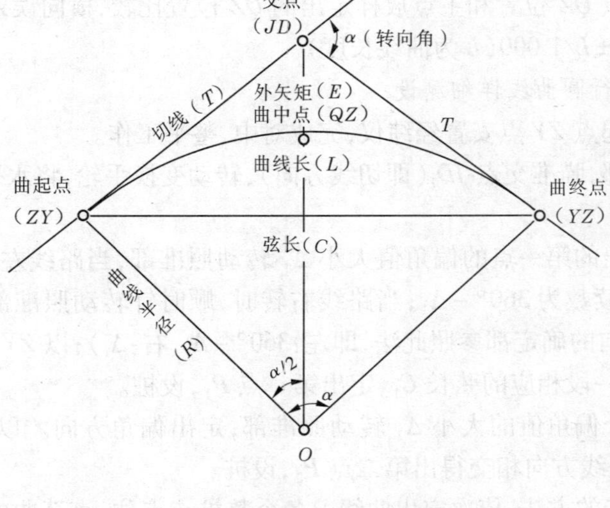

图3-21　圆曲线示意图

曲线终点的总偏角应等于圆心角 α 之半，但因计算中凑整关系不能完全相等，不过对测量成果无甚影响。

2. 圆曲线测设

1）圆曲线主点测设

（1）在交点 JD_i 处架设经纬仪，完成对中、整平工作后，转动照准部瞄准 JD_{i-1}，制动照准部，转动变换手轮使水平度盘读数为 0°00′00″，转动望远镜进行指挥定向，从 JD_i 出发在该切线方向上量取切线长 T，得 ZY 点，打桩标记。

（2）转动照准部瞄准 JD_{i+1}，制动照准部，转动望远镜进行指挥定向，从 JD_i 出发在该切线方向上量取切线长 T，得 YZ 点，打桩标记。

（3）确定分角线方向。

当路线左转时，顺时针转动照准部至水平度盘读数为 $(180° - \alpha)/2$ 时，制动照准部，此时望远镜视线方向为分角线方向。

当路线右转时，顺时针转动照准部至水平度盘读数为 $(180° + \alpha)/2$ 时，制动照准部，然后倒转望远镜，此时望远镜视线方向为分角线方向。

（4）在分角线方向上，从 JD_i 量取外距 E，定出 QZ 点并打桩标记。

2）用切线支距法进行圆曲线详细测设

（1）经纬仪仍然架设于 JD_i 处，转动照准部瞄准 JD_{i-1}，制动照准部，转动望远镜进行指挥定向，以 ZY 为原点，在该切线上向 JD_i 丈量各中桩对应的 x_1、x_2、x_3、…、x_n 值，得出并保留各相应垂足点，以 N_1、N_2、…、N_n 表示。

（2）从各垂足点找出垂直于切线的方向，根据各点相应的 y 值标定曲线上的详细测设点 P_1、P_2、…、P_n，直至 QZ，完成前半条曲线的详细测设。

（3）以 YZ 点为原点，采用以上同样方法，完成另半条曲线的详细测设。

（4）检查：丈量各测设点之弦长，与相应的弧长相比较，两者之差的绝对值不宜大于相应的弦弧差。

（5）详测曲中点 QZ 位置和主点放样定出的 QZ 位置比较，横向误差不应大于 0.1 m，纵向误差不应超过 $\pm L/1\ 000$（L 为曲线长度）。

3）用偏角法进行圆曲线详细测设

（1）在圆曲线起点 ZY 点安置经纬仪，完成对中、整平工作。

（2）转动照准部，瞄准交点 JD_i（即切线方向），转动变换手轮，将水平度盘读数配置为 0°00′00″。

（3）根据计算出的第一点的偏角值大小 Δ_1 转动照准部，当路线左转时，逆时针转动照准部至水平度盘读数为 $360° - \Delta_1$；当路线右转时，顺时针转动照准部至水平度盘读数为 Δ_1（其他偏角方向的确定都参照此法，即左：$360° - \Delta_i$，右：Δ_i）；以 ZY 为原点，在望远镜视线方向上量出第一段相应的弦长 C_1，定出第一点 P_1，设桩。

（4）根据第二个偏角值的大小 Δ_2 转动照准部，定出偏角方向。以 P_1 为圆心，以 C_0 为直径画圆弧，与视线方向相交得出第二点 P_2，设桩。

（5）按照上一步的方法，依次定出曲线上各个整桩点点位，直至曲中点 QZ，若通视条件好，可一直测至 YZ 点。比较详测和主点测设所得的 QZ、YZ 点，进行精度校核。

(6)偏角法进行圆曲线详细测设也可从圆直点 YZ 开始，以同样的方法进行测设。但要注意偏角的拨转方向及水平度盘读数，与上半条曲线是相反的。

(二)缓和曲线的放样

为缓和行车方向的突变和离心力的突然产生与消失，需要在直线（超高为 0）与圆曲线（超高为 h）之间插入一段曲率半径由无穷大逐渐变化至圆曲线半径的过渡曲线（使超高由 0 变为 h），此曲线为缓和曲线。

1. 测设数据计算

如图 3-22 所示，按给定的设计数据 JD 里程、路线转角 α、圆曲线半径 R、缓和曲线长 l_s，详细测设的曲线里程计算时，缓和曲线上取 10 m 整桩和圆曲线上全部 20 m 整桩。

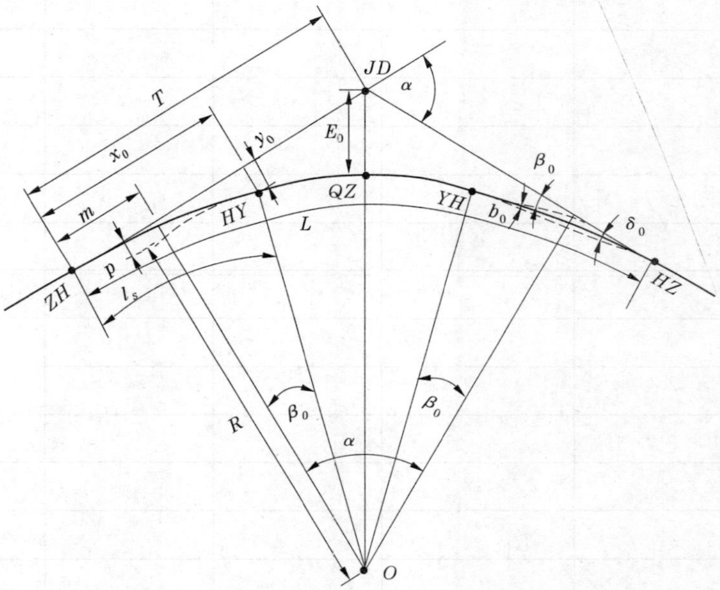

图 3-22　曲线综合示意图

计算测设数据包括：①曲线综合要素切线长 T、曲线长 L、外矢矩 E_0、切曲差 q；②缓和曲线常数 β_0、x_0、y_0、p、m、δ_0、b_0；②主点 ZH、HY、QZ、YH、HZ 的里程桩号；③根据切线支距法计算曲线详细测设数据；④根据偏角法计算曲线详细测设数据。

1) 曲线测设元素及主点里程计算

曲线测设元素及主点里程计算见表 3-5。

表 3-5　曲线测设元素及主点里程计算

β_0 =	δ_0 =	b_0 =	q =	p =
T_H =			ZH 里程 = JD 里程 − T_H =	
L_H =			HY 里程 = ZH 里程 + l_s =	
E_H =			YH 里程 = HY 里程 + L_Y =	
D_H =			HZ 里程 = YH 里程 + l_s =	
L_Y =			QZ 里程 = HZ − $L_H/2$ =	
			JD 里程 = QZ + $D_H/2$ =	（校核）

2)切线支距法和偏角法测设缓和曲线数据计算

切线支距法和偏角法测设缓和曲线数据计算见表3-6。

表3-6　切线支距法和偏角法测设缓和曲线数据计算

里程桩号	缓和曲线段上各桩至 ZH 或 HZ 的弧长 l_k(m)	圆曲线段上各桩至 HY 或 YH 的弧长 l (m)	偏角值 δ_i (°　′　″)	圆心角 φ (°　′　″)	切线支距坐标	
					X (m)	Y (m)

2.测设步骤

1)主点测设

(1)ZH 点的测设。在 JD_i 上架设仪器完成对中、整平,将望远镜瞄准 JD_{i-1},制动照准部。拨动水平度盘变换手轮,将水平度盘读数变换为0°00′00″。保持照准部不动,以望远镜定向。从 JD_i 出发在该切线方向上,量取切线长 T,得到直缓 ZH 点,打桩定点。

(2)HY 点的测设。保持照准部不动,以望远镜定向。从 ZH 出发在该切线方向上,量取 x_0 得到垂足,在该垂足上用十字架定出垂直于切线方向的垂线,并从垂足沿该垂线方向量取 y_0 得到 HY 点,打桩定点。

(3)QZ 点测设。先确定分角线方向。当路线左转时,顺时针转动照准部至水平度盘读数为(180° - α)/2 时,制动照准部,此时望远镜视线方向为分角线方向。当路线右转时,顺时针转动照准部至水平度盘读数为(180° + α)/2 时,制动照准部,然后倒转望远镜,此时望远镜视线方向为分角线方向。

在分角线方向上,从 JD_i 量取外距 E,定出 QZ 并打桩。

(4)HZ 点的测设。转动照准部，将望远镜瞄准 JD_{i+1}，制动照准部，望远镜定向。从 JD_i 出发在该切线方向上，量取切线长 T，得到缓直点 HZ，打桩定点。

(5)YH 点的测设。保持照准部不动，以望远镜定向。从 HZ 点出发在该切线方向上，向 JD_i 量取 x_0 得到垂足，在该垂足上用十字架定出垂线方向，并从垂足沿该垂线方向量取 y_0 得到 YH 点，打桩定点。

2)切线支距法进行带缓和曲线的曲线详细测设

(1)切线支距法先测设缓和曲线上各点，其测设方法与圆曲线切线支距法相同。

(2)在切线上由 ZH 始量 m，即可确定 HY 或 YH 点的切线。利用该切线，按圆曲线切线支距法测设圆曲线部分。

(3)曲中点 QZ 测设后和原主点放样所得 QZ 位置进行比较，横向误差不大于 0.1 m，纵向误差不超过 ±L/1 000(L 为曲线长度)，则满足精度要求。

3)偏角法进行带缓和曲线的曲线详细测设

(1)如图 3-23 所示，在 ZH 或 HZ 处置仪器，完成对中、整平工作。按与偏角法测设圆曲线一样进行缓和曲线部分的测设。比较详测和主点测设所得的 HY 点，进行精度校核。

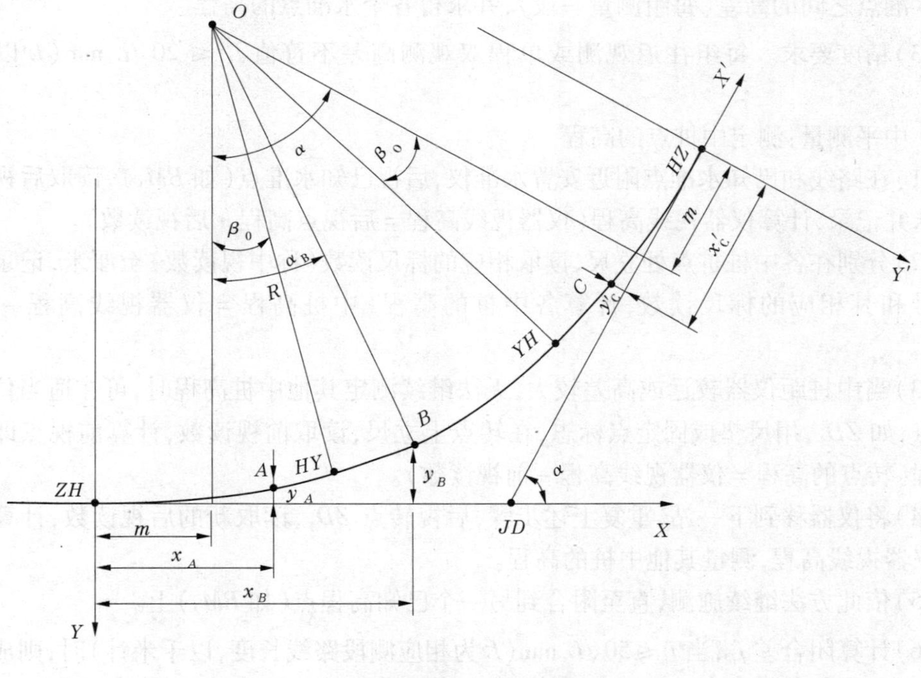

图 3-23　坐标计算示意图

(2)圆曲线部分各点的测设须将仪器迁至 HY 或 YH 点上进行。这时需要先定出 HY 或 YH 点的切线方向。

(3)仪器置于 HY(或 YH)点上，瞄准 ZH(或 HZ)点，水平度盘配置为 b_0(当路线右转时，配置水平度盘读数为 $360° - b_0$)，旋转照准部至水平度盘读数为 0°00′00″并倒镜，此时视线方向即为 HY(或 YH)点的切线方向。

(4)根据 HY(或 YH)点的切线方向，按无缓和曲线的圆曲线一样测设圆曲线部分，直

至 QZ,若通视条件好,可一直测至 YH 点。比较详测和主点测设所得的 QZ、YH 点,进行精度校核。

(三)线路纵、横断面测量

线路纵、横断面测量是道路(铁路、公路)工程定测阶段的主要工作之一,其成果及据此绘制的线路纵、横断面图是设计线路中线高程位置及其他施工设计的主要依据。

1. 线路纵断面测绘

1)线路纵断面测量

线路纵断面测量就是中桩高程测量。其任务是测定全部中线桩的高程。观测方法主要有水准测量方法和全站仪测定法。本次实习采用水准仪法,并与全站仪法的结果进行对比。

a. 基平测量:测定水准基点

(1)路线水准点的布设。选一约 2 000 m 长的路线,沿线路每 400 m 左右在一侧布设水准点,用木桩标定或选在固定地物上用油漆标记。

(2)施测。用 DS_3 型水准仪按四等水准测量要求,进行往返观测或单程双仪器高法测量水准点之间的高差(每组测量一段),并求得各个水准点的高程。

(3)精度要求。每组往返观测或单程双观测高差不符值 $f_h \leqslant 20\sqrt{L}$ mm(L 以千米计)。

b. 中平测量:测定中桩点的高程

(1)在路线和已知水准点附近安置水准仪,后视已知水准点(如 BM_1),读取后视读数至毫米并记录,计算仪器视线高程(仪器视线高程 = 后视点高程 + 后视读数)。

(2)分别在各中桩桩点处立尺,读取相应的标尺读数(称中视读数)至厘米,记录各中桩桩号和其相应的标尺读数,计算各中桩的高程(中桩高程 = 仪器视线高程 − 中视读数)。

(3)当中桩距仪器较远或高差较大,无法继续测定其他中桩高程时,可在适当位置选定转点,如 ZD_1,用尺垫或固定点标志,在转点上立尺,读取前视读数,计算前视点即转点的高程(转点的高程 = 仪器视线高程 − 前视读数)。

(4)将仪器移到下一站,重复上述步骤,后视转点 ZD_1,读取新的后视读数,计算新一站的仪器视线高程,测量其他中桩的高程。

(5)依此方法继续施测,直至附合到另一个已知高程点(如 BM_2)上。

(6)计算闭合差 f_h,当 $f_h \leqslant 50\sqrt{L}$ mm(L 为相应测段路线长度,以千米计)时,则成果合格,且不分配闭合差。

(7)如此法完成整个路线中桩高程测量。

2)线路纵断面图绘制

根据中桩里程和高程在毫米方格纸(标准图幅宽度为 420 mm 或 297 mm)上绘制线路纵断面图,或计算机 CAD 成图。以中桩里程为横坐标,以中桩高程为纵坐标,按里程增加方向从左向右绘制。高程比例尺应为水平比例尺的 10 倍,以突出地面的起伏变化。

2. 线路横断面测量

1)外业观测

线路横断面测量就是测定中桩两侧与线路中线方向正交的横向地面起伏情况。直线段横断面方向为中桩处线路中线的垂线方向;曲线段横断面方向为中桩处线路中线的法线方向。在地势平坦地段,可采用水准仪视距法;若地形起伏较大,宜采用经纬仪视距法;如条件许可,应采用测距仪(全站仪)任意点法。

2)绘制横断面图

横断面图绘在毫米方格纸上或计算机 CAD 成图。水平方向表示平距,竖直方向表示高程,比例尺均为1:200。绘制时,以里程增加为准,由下而上、由左至右排列,相邻断面间留一定间距,以便设计、绘制路基断面图。

第四部分　测量实验实习报告

一、实验报告

实验报告的书写是一项重要的基本技能。它不仅是对每次实验的总结，更重要的是，它可以初步培养和训练学生的逻辑归纳能力、综合分析能力和文字表达能力，是科学论文写作的入门尝试。因此，参加实验的每位学生，均应及时认真地书写实验报告。要求内容实事求是，分析全面具体，文字简练、通顺，誊写清楚、整洁。

实验报告的"讨论"部分应根据相关的理论知识对所得到的实验结果进行解释和分析。如果所得到的实验结果和预期的结果一致，那么它可以验证什么理论？实验结果有什么意义？说明了什么问题？这些是实验报告应该讨论的。但是，不能用已知的理论或生活经验硬套在实验结果上；更不能由于所得到的实验结果与预期的结果或理论不符而随意取舍甚至修改实验结果，这时应该分析其异常的可能原因。如果本次实验失败了，应找出失败的原因及以后实验应注意的事项。不要简单地复述课本上的理论而缺乏自己主动思考的内容。

实验一　水准仪认识及使用

(一) 水准仪主要操作部件的认识

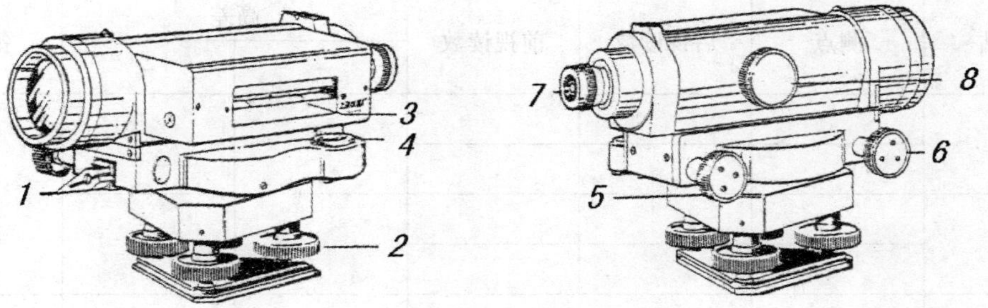

DS$_3$ 型水准仪

按照图中序号填写相关内容：

序号	操作部件名称	作　用
1		
2		
3		
4		
5		
6		
7		
8		

(二) 水准测量观测记录

仪器编号________　　观测组________　　天气情况　　________

测站	测点	后视读数	前视读数	高差		备注
				+	−	

观测________　　记录者________　　校核________

(三) 问题讨论

实验二　普通水准测量

(一)水准测量观测记录

仪器编号________　　观测组________　　天气情况________

测站	测点	后视读数	前视读数	高差		备注
				+	−	
校核计算						

观测________　　记录者________　　校核________

(二)水准测量的内业计算

点号	距离(km)或测站数	实测高差(m)	改正数(mm)	改正后高差(m)	高程(m)	备注
∑						
辅助计算						

(三)问题讨论

实验三　水准仪检验与校正

（一）水准仪的主要几何轴线有哪些？它们之间正确的几何关系是什么？

____

____

____

（二）水准管轴与视准轴是否平行的检验与校正

仪器编号________　　观测组________　　天气情况________

仪器位置	项目	第一次观测	第二次观测	平均值
仪器在 A、B 两点等距离处	A 点尺上读数 a			$h_{AB平均}=$
	B 点尺上读数 b			
	$h_{AB}=a-b$			
仪器在 A 点附近	A 点尺上读数 a'			$h'_{AB平均}=$
	B 点尺上读数 b'			
	$h'_{AB}=a'-b'$			
	$b'_{算}=a'-h_{AB平均}$			
检验结果说明				
校正方法				

观测________　　记录者________　　校核________

（三）问题讨论

实验四　经纬仪的认识及使用

(一)经纬仪主要操作部件的认识

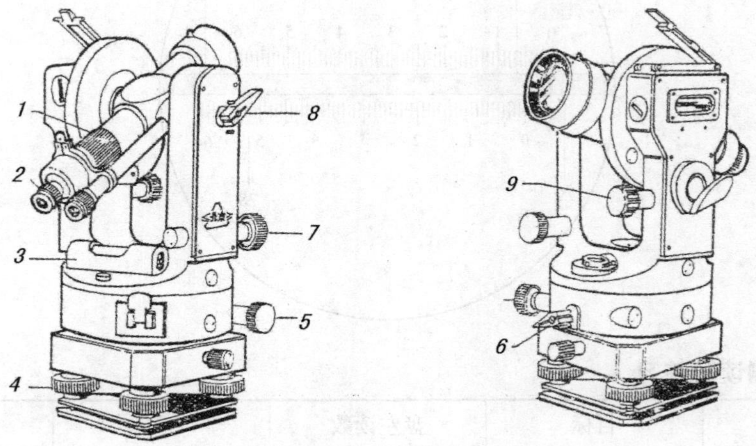

DJ_6 型经纬仪

按照图中序号填写相关内容：

序号	操作部件名称	作　　用
1		
2		
3		
4		
5		
6		
7		
8		
9		

(二)写出下图分微尺测微器的读数

水平度盘读数______°____′____″____

竖直度盘读数________°____′____″

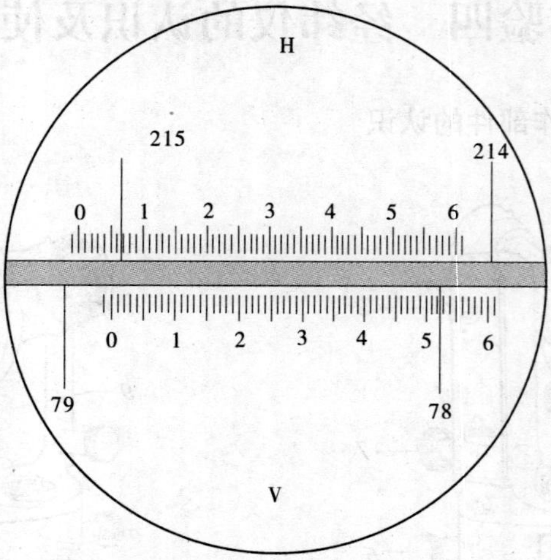

(三)观测读数练习

测站	目标	盘左读数		备注

(四)问题讨论

实验五　测回法观测水平角

(一)按右图(OA为起始方向)说明测回法一测回的观测步骤

____

____

____

____

____

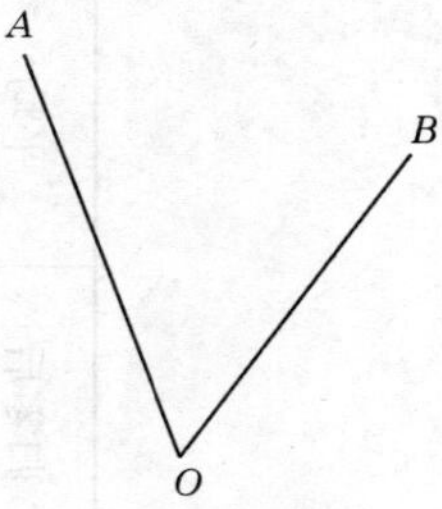

(二)测回法观测水平角的记录与计算

仪器编号________　　观测组________　　天气情况________

测站	盘位	目标	水平度盘 水平方向读数 (°　′　″)	水平角		各测回平均值 (°　′　″)
				半测回值 (°　′　″)	一测回值 (°　′　″)	
O	盘左	A				
		B				
	盘右	A				
		B				

观测________　　记录者________　　校核________

(三)问题讨论

实验六　全圆测回法观测水平角

(一) 全圆测回观测法水平角测量的记录与计算

仪器编号________　　观测组________　　天气情况________

测站	观测点	测回数	盘左读数 L (° ′ ″)	盘右读数 R (° ′ ″)	$2C$ (° ′ ″)	$\frac{L+(R\pm180°)}{2}$ (° ′ ″)	起始方向值 (° ′ ″)	归零后方向值 (° ′ ″)	平均方向值 (° ′ ″)	角值 (° ′ ″)

观测________　　记录者________　　校核________

(二) 问题讨论

实验七　竖直角测量

(一)竖直角测量的记录与计算

仪器编号________　　观测组________　　天气情况________

测站	目标	竖盘位置	度盘读数 (°　′　″)	竖直角值 (°　′　″)	平均角值 (°　′　″)	指标差 (″)	备　注
		左					
		右					
		左					$L_{始}$ =
		右					
		左					
		右					

观测________　　记录者________　　校核________

(二)问题讨论

实验八　视距测量

(一)视距测量的记录与计算

仪器编号________　　观测组________　　天气情况________

测　站:________　　　　　　　　仪器高:________m

点号	尺上读数(m)		视距间距	竖盘读数(° ′ ″)	竖直角(° ′ ″)	初算高差(m)	改正数(m)	高差(m)	水平距离(m)
	上丝								
	下丝								
	中丝								
	上丝								
	下丝								
	中丝								
	上丝								
	下丝								
	中丝								
	上丝								
	下丝								
	中丝								
	上丝								
	下丝								
	中丝								
	上丝								
	下丝								
	中丝								
	上丝								
	下丝								
	中丝								

观测________　　记录者____________　　校核________

(二)问题讨论

实验九　全站仪认识与使用

(一)全站仪主要操作部件的认识

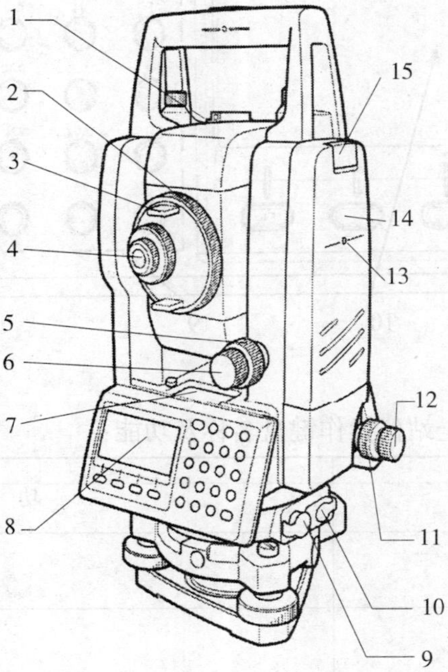

请按照图上序号填写全站仪部件名称及功能：

序号	操作部件	作用	序号	操作部件	作用
1			9		
2			10		
3			11		
4			12		
5			13		
6			14		
7			15		
8					

（二）键盘按键功能

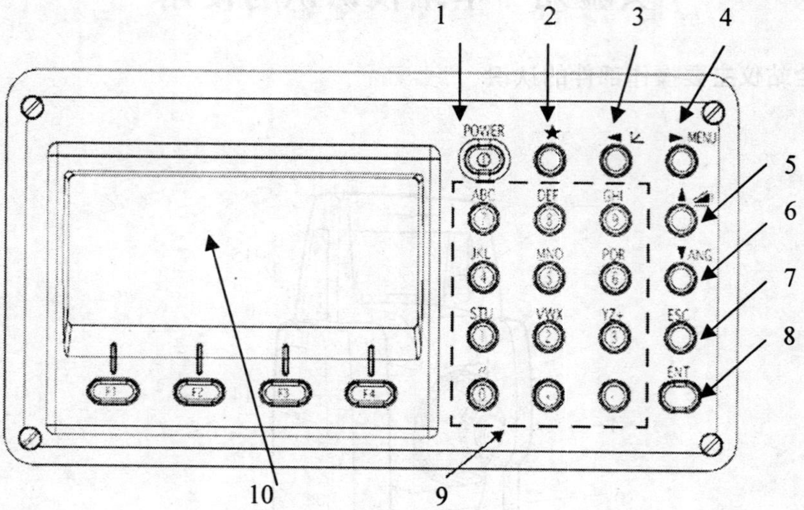

请按照图上序号填写全站仪操作键盘名称及功能：

序号	键盘名称	功　能
1		
2		
3		
4		
5		
6		
7		
8		
9		
10		

(三)使用练习

仪器编号________ 观测组 天气情况________

测站:________ 仪器高:________ 觇标高:________

测点号	水平角 (° ′ ″)	竖直角 (° ′ ″)	斜距 (m)	平距 (m)	高差 (m)	X (m)	Y (m)	Z (m)

观测________ 记录者________ 校核________

(四)问题讨论

实验十　全站仪控制测量

（一）全站仪坐标测量模式的操作过程

（二）导线计算

点号	观测值			改正数			坐标值			备注
	x (m)	y (m)	z (m)	Δx (mm)	Δy (mm)	Δz (mm)	X (m)	Y (m)	Z (m)	
$\sum$										

（三）问题讨论

实验十一　四等水准测量

（一）四等水准测量观测记录

仪器编号________　　观测组________　　天气情况________

测站编号	后视 下丝 / 上丝	前视 下丝 / 上丝	方向及尺号	标尺读数（m）		黑 + K − 红（mm）	高差中数（m）	备注
	后视距（m）	前视距（m）		黑面	红面			
	视距差 d	$\sum d$						
			后					
			前					
			后 − 前					
			后					
			前					
			后 − 前					
			后					
			前					
			后 − 前					
			后					
			前					
			后 − 前					
			后					
			前					
			后 − 前					
			后					
			前					
			后 − 前					
校核计算								

观测____________　　记录者____________　　校核____________

(二)四等水准测量结果计算(高程计算)

序号	点名	方向	高差观测值(m)	测段长(km)或测站数 n	高差改正数(mm)	高差最或然值(m)	高程(m)
Σ							
辅助计算							

(三)问题讨论

实验十二　GPS 的认识及使用

(一) GPS 接收机结构及组成

(二) GPS 静态接收机在测站上的操作步骤

(三) 问题讨论

实验十三　碎部测量

(一)碎部测量记录与计算

测 站:________　　定向点:________　　仪器高:________m　　测站高程:________m

点号	尺上读数(m)			视距间隔	水平角(°　′　″)	竖盘读数(°　′　″)	竖直角(°　′　″)	初算高差(m)	改正数(m)	高差(m)	水平距离(m)	测点高程(m)
	上丝	下丝	中丝									

(二)绘制比例尺为 1∶500 的地形图(另附图纸)

(三)问题讨论

实验十四 全站仪坐标放样

（一）全站仪极坐标法放样的步骤

（二）全站仪三维坐标法放样的步骤

（三）问题讨论

二、实习报告

实习报告是对实习内容系统化、巩固和提高的过程，是写科学研究论文的基础，是进行综合思维的训练，也是培养和训练学生的逻辑归纳能力、综合分析能力和文字表达能力的重要环节。因此，参加实习的每位学生，均应及时认真地书写实习报告。报告要求以野外实习资料为依据，要有鲜明的主题，确切的依据，严密的逻辑性，要简明扼要，图文并茂。报告必须是通过自己的组织加工写出来的，切勿照抄书本。

实习报告(格式)

(一)封面页

参考封面样页:

<table><tr><td>

××××大学

教学实习报告

实习名称________________
实习地点________________
实习时间________________
专业年级________________
姓　　名________________
学　　号________________
提交日期________________
成　　绩________________
指导教师________________

水利与建筑工程学院

</td></tr></table>

(二)正文页

前言

一、实习目的与要求

二、实习任务

三、实习内容

这是实习报告极其重要的内容。要抓住重点,可以从理论和实践两个方面考虑。这部分要写明依据何种原理、操作方法、技术要求进行实习,所得结果、计算过程和精度情况必须论述清楚。

四、实习总结

主要从技术、团队合作、专业素质等方面论述取得的收获、存在的问题及其对策。

五、附件

各种实习数据计算表。